雄安草木行

肖翠 林秦文 著

化学工业出版社
·北京·

图书在版编目（CIP）数据

雄安草木行 / 肖翠，林秦文著. —北京：化学工业出版社，2020.8

ISBN 978-7-122-37160-7

Ⅰ.①雄…　Ⅱ.①肖…　②林…　Ⅲ.①植物资源 - 资源调查 - 雄安新区　Ⅳ.① Q948.522.22

中国版本图书馆 CIP 数据核字（2020）第 094404 号

责任编辑：龚　娟　　　　　　　　封面设计：水玉银文化 syyart@qq.com

责任校对：王鹏飞

出版发行：化学工业出版社（北京市东城区青年湖南街 13 号　邮政编码 100011）

印　　装：凯德印刷（天津）有限公司

710mm×1000mm　1/16　印张 14¾　字数 170 千字　2020 年 9 月北京第 1 版第 1 次印刷

购书咨询：010-64518888　　　　　售后服务：010-64518899

网　　址：http：//www.cip.com.cn

凡购买本书，如有缺损质量问题，本社销售中心负责调换。

定　　价：**68.00 元**

序

　　雄安新区是中国（河北）自由贸易试验区的一部分，位于河北省保定市境内。其周围大的轮廓顺时针由清源、徐水、高碑店、固安、霸州、任丘、高阳包围起来，东西大致由大广高速 G45 和京港澳高速 G4 夹住，东北角距北京大兴国际机场较近。换种叙述，地理上它大致包括白洋淀水体及周边地区，偏北岸一些。雄安新区是 2017 年 4 月 1 日国务院设立的国家级新区，规划范围涵盖河北省雄县、容城县、安新县 3 个县及周边部分区域。规划中，它是全国二类大城市，当初设立此新区的目的是集中疏解北京的非首都功能，优化京津冀区域空间布局。

　　坦率说，对于植物爱好者，华北这一地区地处平原，水中植物有些特色，但因为农业开发等，生物多样性不高，外来入侵的物种倒是不少。而本书偏偏是要描写可爱物种相对"贫瘠"的这个地区。

　　如此说来《雄安草木行》还有什么意思？来雄安可做别的事，干吗要看植物？写雄安可写别的事，干吗写植物？

　　必须先说清楚关注雄安植物的意义，才能说清此书的意义，以及读者可以怎样阅读此书。

　　新区的选址非常特别，一是靠近首都北京，二是坐落于华北地区少见的有水的地方。国家很重视这个新区的规划和建设，对于其现在和将来的生态状况也格外关注。而说起生态，将涉及区域内岩石、水体、空气、土壤、动物、植物、微生物和人等各个系统要素及其相互关系。植物在其中居于特殊的地位，未必最重要，却是显示度极大的一个要素。植物是环境的指示剂。雄安在政治上具有重要地位，已经成为一个名号，但不能仅仅有名号，此名号落实下来就包括其大地上的植物，植物也反映着土壤状况。对此，植物学家要做严格的拉网式调查，要设计网格，做样方，对区域内所有植物物种进行采集、分类、统计，对植物生态、生物多样性进行科学评估；要撰写专业报告，呈送有关部门供决策参考。以前，这个地区除了水生植物外，根本不会吸引植物工作者的注意，即使《河北植物志》也不会特别在意这一地区。而现在不同了，从政治、经济、科学、文化的角度看，都有必要摸清家底，了解本底数据。对于之前的河北三个县和明天的雄安，现在是一个分水岭。植物无论向哪个方向演化，现在都有必要尽快调查清楚。

本书作者也是此类专业植物调查团队的成员，但是本书并不以那个团队的名义来发言，而是以肖翠、林秦文夫妇俩或以他们四口之家的角色来讲述。拟定的读者对象也是普通大众，当然其他人也可以看。本书比专业报告界面更友好，读者更容易快速把握实质内容。

对于了解国家级新区植物的本底数据，我认为可以是任何感兴趣的人、普通人、专家、决策者，甚至是将来的环境史学家。其中

"本底数据"不仅包括枯燥的统计数字和名录，还包括个案式的、主客观相结合的访问、游玩、博物记录等，不仅包括看到什么，还包括当时的主体体验。它们不可能全面系统，但是一定要足够丰富、有个性。也就是说，我想象的植物"本底数据"包含自然科学、人类学、博物学、人文历史方面的内容。本书内容并未触及所有方面，但已经远超出了原来狭义的自然科学意义上调查"本底数据"的范围。

从这个角度看，这部书非常特别，也是我愿意写此序的原因（此前已经说了不再给别人写序）。不仅因为，或不主要因为本书对象的所在地特别，这种调查、写作方式也很特别。快速变化的中国大地，通过实证的调查、记录、出版，能够留下一批有用的资料，将来借此可做许多事情，做环境史研究是其一，而对雄安更需要从多角度做一下。

想一想，古希腊学者希罗多德做了什么。他不过把别人也经历过但不当回事的东西记录下来而已，他的《历史》（*historia*）就是考察、记录，后来成了"历史"，而他成了西方历史学之父。史学家研究过去的事情，经常抱怨找不到翔实的资料，而今天的一切马上会变成昨天，成为历史，我们当代人可曾想着记录？20世纪我读大学本科时，北京中关村一带是乡村，北大周围有许多农田，真后悔当时没有认真记录一下。北京跟伦敦、巴黎、纽约不同，它日新月异，从什么时候开始记录都不算晚，但如果早一点记录，特别是在一些关键点开始记录，会非常不一样。

雄安正处在一个新起点。本书给出了一种极具特色的记录，这是我欣赏它，赋予其重要意义的一个方面。

本书以优美的散文体，娓娓动听地介绍了作者一次一次来到雄安这个地方，与一种又一种平凡的植物相遇的情形。虽说大部分植物可能没什么新意，在别处也能轻松见到，但我还是很愿意知道他们是如何与其相遇的，相遇时发生了什么！这些故事真的很有趣，我相信读者读了本书，怀着同样的好奇心，在雄安大地和大泽中，也能找到关于植物的无数乐趣。发现平凡之美并对其产生兴趣，需要一种能力，比对奇异植物感兴趣要有更高的一种能力。

我以前也经常一个人驾车到保定各县去转，知道一点那里的植物和贝类，但此书中关于小马泡、华黄芪、串叶松香草、西洋梨、发枝黍（不同于发枝稷）、白毛马鞭草、弯果茨藻的介绍，还是令我耳目一新。关于小马泡，我可以补充一则信息：它可能是栽培种退化的结果。我在自己的园子里试种香瓜，就出现过这种情况，结出的瓜非常小。小马泡在植物学上还是属于甜瓜，学名为 *Cucumis melo*。作者指出，"在雄安新区引入的 478 种外来植物中，有外来归化或入侵植物 44 种，其中苋科和菊科的种类最多，各有 12 种。在这 44 种植物中，危害性最大的物种莫过于号称'生态杀手'的黄顶菊。"对于黄顶菊，我也有一点个人体会。2008 年 10 月 11 日我在河北大学新校区（保定）首次遇到黄顶菊，跟踪了三年。2019 年又在北京大学发现第一株侵入燕园的黄顶菊（后来请生科院老师采集作了标本）。作者还提及"无人关注的发枝黍""疯狂扩散的多苞狼把草"作为入侵种应当引起重视。我以前也偶尔见到它们，但并不清楚它们的入侵状况。我也特别注意到作者提及，考察中未发现石龙尾、睡菜这些原来存在但现在（在华北一带）很稀少的植物。

总之，我阅读此书有许多收获，想着新冠疫情过后有机会再驾车到那里转转。

现在喜欢植物的业余人士越来越多，大家的确可以合作做些事情。比如持续监测雄安新区或者自己家乡的植物变化。不要以为这只是科学家的事，科学家做自然更专业，但是他们时间和精力均不如普通人。稍加培训或自学，普通爱好者也大有作为。2019 年在中国科学院植物研究所马克平先生和国家标本资源共享平台（NSII）的支持下，首届植物博物学培训班在北京开班，肖翠就是此培训班的实际执行人，林秦文和我都在此班上做了专题讲授。希望有机会第二届也能办起来。植物博物学培训班培养的不是职业科学家，也不是"公民科学家"，而是有特殊爱好的普通公民。这些人有希望利用业余时间，结合本地的实际，观察、记录、书写本地植物的专门作品。刘从康的《武汉植物笔记》和这里的《雄安草木行》都将起到示范作用。

　　《雄安草木行》的"行"字，可有两种意思。一是旅行、行记，二是可以、很棒。不管目前雄安植物基础数据如何，希望通过百姓的持续关注、参与，若干年后再比对，那时雄安的植物会更好！

刘华杰

北京大学教授，博物学文化倡导者

2020 年 5 月 15 日于北京肖家河

前　言

　　在速成主义盛行的今天，慢下来，持续地，一年只做一件事情显得那么奢侈。我喜欢草木是渗入骨子的。这种喜欢无关乎奇花异草，而在于身在草木间，与草木同生长的感觉。我可能无法准确分辨出禾本科和灯芯草科每个物种之间的科学差别，但我迷恋同是细微瘦小身躯的它们展现给我们的坚强生命力。诠释自然的方式多种多样，而我想通过至少持续一年的时间观察某个地方，记录人与草木的邂逅故事，以一种轻松的方式梳理一个地区的植物家底。读硕士待了3年的长白山，曾经工作过3年的延庆康庄，甚至自己家乡陕西的太白山，都是我梦里想要开始观察、写作的地方。而这些终究已经存于心底，未来任何时候写都不会晚。雄安新区让我满怀热情地实现了自己的梦想。

　　2017年4月1日，中共中央、国务院印发通知，决定设立河北雄安新区，包含河北雄县、容城县和安新县三个县城及周边部分区域。雄安这个名字第一次走进人们视野时，我和大多数人一样，有着这样的疑问：雄安是什么样子的？作为一个自然记录的爱好者，我想知道，雄安有什么植物？这些植物怎么样？哪些特别的植物值得我们记录，并能在雄安新区的建设中推广应用？

　　对于常常行走于自然中的我来说，迫切地想尽一己之力为雄安新区建设做些事情。雄安新区距离北京仅有100多公里。好，那就持续做一年雄安新区的自然观察吧。用游记的形式，记录每次在雄安行走中所观察到的植物，发生的事情。它既是对雄安自然状态的真实记载，又可以为政府规划提供第一手的素材资料，使得各方力量在规划、建设雄安时，有自然方面的参考资料。

1年时间，13次调查，1万多张照片。雄安的美，雄安的静，雄安的热情，雄安的饱满……一切都在字里行间。我尝试从三个部分诠释雄安草木：第一部分行走，以游记的形式呈现10次调查中的所见所闻、所感所想；第二部分从乔灌木的角度选择了10种雄安建设中可以大量栽种的本土植物；第三部分从不同类型的植物出发，讲述湿地植物、乡土植物、水生植物等10个主题植物的故事，还有写给志愿者、最小调查员的话以及家庭博物旅行的建议等。这本书与其说是植物故事，不如定义为草木情怀，由草木衍生的思考，生活方式的转变。

很庆幸，自己做了这么一件普通而又持续的事情。本底调查，在地观察，会给你我打开北方这片普通田野的另一种画面。来跟我一起，感受浓郁自然味道的雄安吧！

肖翠

2019 年 10 月 7 日于香山

目　录

第一部分

行走间

只想去自然间，哪怕是麦田、荒
地、河滩。在自然间行走，就如
同拜访一位老朋友，那么随性、
自由。

初见雄安

四月初的北方，虽然早春的草本植物迫不及待地钻出地面，但树木大多数色调还是灰色，春天的新绿还在若有若无的徘徊中。一个中度雾霾的周日早晨，按捺不住想去野外的内心，终于赴了心心念念已久的雄安新区的约会。

从北京到雄安新区着实很近，特别是从南城出发，沿着京港澳高速一路向南，刚出北京界，一转眼的工夫就到了容城的高速出口。雄安新区包括河北的雄县、容城县和安新县。第一次来到容城，出了高速后不知道应该往哪个方向去，同行的林博士说："我们已经在

正在浇灌的小麦，这里的土地类型主要是农田

雄安新区了。"

　　几乎没做功课就出门的我有些傻眼：这里就是一个比北京雾霾更严重，春天更没有色彩的相貌平平的北方小镇啊！不过，我还是对这种未知的初约有着许多的期待。高速口的指示牌显示右转是白洋淀景区。好吧，随性的追寻也许会有不一样的风景。我们默默向着雄安新区最核心的区域白洋淀驶去。

　　车子以 20 公里 / 时的速度缓慢前行，车上的我们睁大眼睛，探寻窗外能俘获我们眼球的植物"精灵"。窗外一马平川，几乎看不到任何高原或山脉。平坦的农田里都是小麦，虽然有些灰尘，但难掩其绿色本质，泛绿一片。林博士居然对着小麦说："看看，这里的草坪还是不错的。"一车人顿时笑晕了！林博士，您是对植物入魔了吗？明明就是冬小麦这个物种啊！睡了一个冬天的小麦需要浇灌，依稀可以看到零零散散的农民在给小麦浇水。

关于植物

　　一天的随性考察，一部分通过车览完成，一部分在船上完成。先把一天的植物调查名录贴上来，沉迷植物的朋友们可以找找有没有目标物种。2018 年 4 月 1 日考察见到的植物有：芦苇、毛白杨、鸢尾、冬青卫矛、圆柏、金丝垂柳、早开堇菜、荠菜、播娘蒿、麦李、诸葛菜、独行菜、桃子、绿穗苋、紫叶李、榆树、蜀葵、核桃、打碗花、附

上图 给点阳光就无比灿烂的诸葛菜，很有开发潜质

下图 十字花科的诸葛菜，生命力顽强，花朵标致

地菜、平车前、大刺儿菜、茜草、二乔玉兰、早园竹、毛泡桐、加杨、旱柳、芦苇、盒子草、茭白、芡实、莲、葎草、连翘、苘麻、葱、玉米、小麦、紫叶李、麦李、郁李。四十多个物种，乔、灌、草的不同状态均有，根据遇到的时间不同而记录，并无先后排序。

北方的春天，五彩的花儿和新嫩的绿色是永恒的主题。诸葛菜是吸引我们眼球的第一种植物。诸葛菜又叫二月蓝，因在农历二月开蓝紫色的小花而得名。不管是北京还是河北，现在正值诸葛菜盛花期，成片蓝紫色的花朵非常壮观。有时候我们费尽心思栽培或购买的绿化植物，远远比不上乡土植物的美感。也许雄安新区的建设可以考虑诸葛菜在春天地面绿化的作用。

另一种遍地开花的植物是早开堇菜。虽然个头娇小，但非常惹人怜爱。这丛早开堇菜生长在杏林下面，属于早春植物。早开堇菜裸露在阳光下，赶在头顶的乔木还没发芽展叶前完成开花、结果。早春植物这样可以避开与

上图 遍地盛开的早开堇菜

下图 播娘蒿盛开的花朵

别的物种争夺阳光、水分等资源。多么聪明的早春植物啊！我们在早开堇菜前驻足了好久，各种摆拍。这绝对是那种人见人爱，怎么拍摄都不会腻味的植物。早开堇菜可作为早晨的地被植物应用于雄安新区的绿化建设中。这样的本土植物不用，用什么呢？

路两边大量种植的连翘黄得灿烂；杏花白得像雪；紫叶李作为容城县城的行道绿化植物，应用得非常到位。在空旷的荒地上，能看到手拎塑料袋的人，低头找着某种植物——果然是荠菜，也是这里人们春天的主旋律。大部分的播娘蒿才处于植株生长期，零星的几株黄色的花儿开了。

白洋淀，梦一样的地方

　　早春生长的植物相对有限，其中大多数处于小苗状态。除了车览中对开花植物的第一感官，印象最深的莫过于一个多小时在白洋淀里的小船游览。在容城县城的午餐后，林博士带我们走了条距离最近的路，来到白洋淀水域边。左拐右拐，车子停到了一个小村边。透过房屋的间隙，可以看到村庄后面的水域、停泊的船只、芦苇的残体和灰白的天空。这，就是白洋淀？

　　怀着往前再走走的心理，扛着相机，我们一直走到了村庄的尽头。哇，映入眼帘的是上千只的鸭子，在被网格围起来的水域中叽叽喳喳。也许我们的感叹声惊动了鸭群，它们叫得更欢了。鸭子的主人很快从屋子出来，站到我们面前。闲聊中得知他家的小船可以载着我们在白洋淀中转一两个小时，并且收费只有一百元时，我们心中窃喜好实惠。于是坐上了鸭子主人的小船。远观和近玩的感受

真的不可同日而语。将自己置于画面之外时，只觉得白洋淀就是一个相貌平平的湖泊，看不出它的魅力何在。只有坐在船上，融入其中时，才感觉这里美得无以言表。

白洋淀水域有 366 平方千米，因为有去年残留芦苇的原因，即使冬天也无法一眼望到头。船夫大哥介绍，白洋淀所有的芦苇荡都是相通的。在我们看来，芦苇荡非常相似，几乎看不出差别。

小船穿梭在芦苇荡的沟渠中，阳光、水波、春风、芦芽、岸边垂柳的新绿，一切都是那么刚刚好。闭上眼睛，停止思绪，让时间停留。每个周末能有这么一两个小时的冥想，该是多么惬意的一件事。

为什么特区会选择在这里？船夫大哥毫不隐晦地说，当然是看中了这片水域。水让一切自然景观变得灵动起来。小船在慢慢行驶中，偶尔会看到零星的几条小船从身边划过，有的坐着游人；有的是村民在电鱼；有的是村民在捞蜗牛……"尽管大家对雄安新区的建设充满憧憬和希望，但我们祖祖辈辈都生活在这里，依靠着这片水域

生活，真的离开这里，我们也是万分不舍啊。"船夫大哥边划船边感叹。

是啊，这是土生土长的本地人对这片水域的一种依恋情怀吧！

一天的考察很是仓促，甚至有点走马观花。但收获还是比较丰富，遇到四十多种植物；特意品尝了新鲜的芦芽（略甜），挖了荠菜；买了村民的小鱼、咸鸭蛋、鲜鸭蛋；返回北京的途中还去大棚中摘了几斤香甜的草莓。只是此次考察，准备的资料太少，太过随意。回家后的第一件事就是买书，只有了解后才会有针对性的调查。

总之，雄安新区的前身，还是很值得一去。

满眼的绿色，在充
满希望的田野上

那片田野

春雨贵如油，经过半个月的倒春寒，一场扬沙，一波春雨，好
不容易盼来了明朗的好天气。蓝天白云，百花齐放，空气中饱含浓
郁的花香。憋闷了半个月的内心一直在呼喊：去野外，去野外！雄
安新区，我们又来了。

4月初的第一次雄安新区踏查后，我们就已经被这个水天相融
的地方深深吸引。为了更快更全面地了解它，我们以"白洋淀"为
关键词查找各类期刊和书店平台，但这片水域的自然记录材料几乎
为零。好吧，没有资料，我们就用实地调查来扩充人们对这片等待
开发的土地的认识吧！所以，今天的路线以车览为主。

大棚里面是什么？

车览的目的是为了先感受一下雄安新区的整体面貌，车子围绕着容城、安新和雄县的边缘，开了 200 多公里，给我留下印象最深的，居然是一望无际的平原。除了水域，平原上大多数是农田，农田中时不时闪过大棚。

非常好奇这一个个高低不等的大棚中种着什么？车子终于停在一个比人高出一头的大棚旁边，无比激动地想要进去一探究竟。走近才发现，为了避免大风对大棚的伤害，大棚的门用绳子拴着，还用木头和石块挡在外面，紧紧关闭着，透过薄膜能看到大棚里面有两个人。

"有人吗？能不能让我进去看看里面种的是什么？"

"门开着，你自己进来吧！"

太好了！这里的人真朴实；不知道你是谁，什么目的，仅仅吆喝一声就让你进去。这种温暖在大城市是很难感受到的。自己在门口扒拉了半天，门还是打不开，后来还是大棚内的大哥帮我开了门。

左图 农田中星星点点的大棚，也是这里的一道风景线

右图 大棚中疯狂生长的西瓜苗

北方春天的午后即便温暖但也称不上热，而大棚里已经是35摄氏度的高温了。一进门热气袭来，蒙住了双眼。缓下来后看到满棚的西瓜，正值盛花期。也有零星几个小小西瓜已经嘀哩当啷地挂在枝上。大哥帮我打开门后，便迅速投入摘西瓜花的工作中，与我几乎再无交流。我在女主人的附近拍照，边拍照边拉家常，才知道原来他们在赶时间疏花，错过时间会影响西瓜产量和质量。两人大半年的时间都耗在这块3亩左右的西瓜田里，年收入在10万元左右。勤勤恳恳干活，踏踏实实增收。聊天中发现两个勤劳的农民，对现在的生活比较满意。对于雄安新区建设，他们认为只要勤劳动手，什么时候日子都不会差。看着眼前这片西瓜田，我对跟我聊天头都不抬，一直忙着干活的大姐说："大姐，再过一个月，西瓜成熟了，我还过来，买你家西瓜吃。"大姐开心地点点头。

是啊，不管怎样改变，靠双手勤劳耕作致富，最受人尊敬。

我带着大女儿可可一起进了西瓜棚，两岁半的可可一个劲指着西

上图 低头干活的勤劳大姐

下图 盛花期的西瓜花。红瓤的西瓜怎么会开黄色的花儿？植物会带给我们无数惊喜

瓜的胡须，我告诉她西瓜用"胡须"在探路，"胡须"会告诉西瓜前方是否有空隙让它伸懒腰。可可很开心认识西瓜的"胡须"。我不忍心告诉她，那个大娘其实为了让西瓜多结果实，会稀疏西瓜的"胡须"。暂且给孩子留一些想象空间吧！

从西瓜大棚出来，在农田四周观察到了点地梅、附地菜、益母草小苗和抱茎苦荬菜等草本植物。春天满眼绿色，欣欣向荣，空气中似乎都弥漫着欢快和香甜。

平原大地，万紫千红

春天真的是采风的好时节。过去的十几年一直在北京的山间行走，很久没有关注田野中的物种。对于雄安新区物种的调查，也许是出于一种责任感和使命感吧，想通过一己之力记录没有修建前的新区模样。从专业的角度来说，这里似乎没有哪种植物能吸引我们持续观察。但真的行走在这片平原的时候，便会被它的田野之广袤所折服，被它的作物多样性所吸引。平原，有它独有的魅力！

十里桃林，少了电视剧中的浪漫，更多的是秋实的希望

高颜值美女，人面桃花

上图　干净大气的梨树林，黑色的树干，
雪白的梨花，黄的树叶，美如一幅画

下图　白如雪的梨花特写

绿油油的小麦是这里的主打颜色，各种果树点缀着田野的角角落落。这里真的是一块宝地啊，暂不说核心地带白洋淀地区，一望无际的平原也是乐趣多多。粉红色的桃花，每朵都在艳丽绽放。桃树并不高，为了让它们多结果实，农民在修剪桃树时，让它的枝条尽量横向舒展，避免往高长。从桃树林中看到的大大小小支撑桃树枝条的木桩，可以看出桃子每年的结实量不少。

梨树在这片土地上长得也是极好的。同样都是蔷薇科的水果，但梨树是有别于桃树的。梨树更为高大，树干为黑色，衬着白色的梨花和黄绿色的树叶，显得格外干净、深沉、大气。一阵风吹过，花瓣散落一地，不禁让人念起梨花带雨，甚是对它多了几分爱恋之心。

每天吃一个苹果的我们，有多少人见过苹果树的花儿的庐山真面目呢？苹果属于蔷薇科苹果属植物，叶片椭圆形，伞房花序，每个花序有 3 ~ 7 朵小花生于小枝顶端。花苞一般粉红色，盛开的花由粉色到白色，一般花开前期带有粉色，后期全部变白。花期 5 月，果期因品种不同，7 ~ 10 月均有不同品种成熟。比起果实，苹果的花儿一点也不逊色，清新，亮丽，自信，饱满。苹果属于异花授粉，这可忙坏了蜜蜂们，它们穿梭在不同花朵之间授粉。驻足苹果花间，耳边传来蜜蜂嗡嗡嗡的声音，它们紧张而有序地工作着。这就是大自然的声音，生意盎然，形容的就是此刻的美好吧！

稠密的李子花儿，满树的杏花儿在车览过程中都有看到。这个北方的小平原，土地是如此肥沃，只要想种，各种水果都可以栽培种植。多么好的土地！

路边的田埂上，可以看到十字花科盛花期的荠菜，开着白色的小花儿；淡蓝色的二月兰生命力太旺盛了，一片一片地生长着，真是天然的绿化物种，形成的小景观如此优雅、美丽；十字花科一年生草本播娘蒿，淡黄色的花儿，衬着嫩绿色的叶子，给人以充满希

上图 招人喜欢的苹果花，清新，
亮丽，自信，饱满

中图 "小清新"播娘蒿生机勃勃

下图 春天路边花海一角

望的生机勃勃的感觉……植物在用它们独有的色彩诠释着这片土地的肥沃与豁达，讲述着它们与这片土地的相依相融的故事。

雄安新区的绿化开始了？

车览中除了满眼的田野外，最大的一个发现就是苗圃。春天是种树的好时节，我们误入了雄安新区的绿化带。国槐、油松、紫叶李、垂柳和龙柏密密麻麻的栽种着，与其说是绿化带，还不如说是苗圃的迁移地。希望秋天的时候，能看到较高的成活率。

集中栽树区附近，有一块很吸引人的地形，凹洼有序，也许在别人看来是一片土坑，但从植物园建设的角度来看，如果这里能建一个植物园，定能保存不少有趣的植物，同时可以设计成错落有致的景观，很有立体感。但眼前，它还是一块荒地，一块有待开发绘制的空白。几年后会是什么样子呢？好期待！

上图 工人们正在紧锣密鼓地栽植各种园林树木，排列整齐，密密麻麻，园林里这样栽树真的会有比较好的景观，较高的成活率吗？

下图 雄安绿化带一瞥

雄安新区植物园选址风貌

小白被吻了

我是喜欢甚至沉迷自驾的，自由、随性，车子如同移动的小家，一应俱全。所以我曾多次自驾去过陕西、福建，近距离的考察更是倾向于自驾。

小白和我们相识于2018年初。为了考察，虽然是新车，但从没有心疼过它。雄安新区的考察，走过的所有路都有小白相伴。小白的"初吻"也在这个春天献给了雄安新区。

虽然距离北京城只有100多公里，但雄安新区的道路，即便是雄县、安新县和容城县三个县城的主干道，都是坑坑洼洼，破烂不堪。返程途中，导航带着我们走到一座1公里左右的桥上，也许是为了减缓大型车辆过往对桥的破坏，这条路有限宽。对有七年多驾龄的老司机来说，限宽我完全不畏惧。小车轻轻松松地穿过限宽的桥头，可就在桥尾，一个不留神，限宽的水泥墩深深的"咬"伤了小白，小白的右后门整个变形，深凹进去。我心疼得犹如自己胳膊被划破，骨头爆裂在外一样。这是小白的"初吻"，也是它为雄安新区调查所做的牺牲。我想，如果路好一些，路多一些，也许我们有别的选择，小白就不会受伤。俗话说："要想富，先修路。"我对雄安新区的建设充满了信心，至少开发后，这里的路会给我们更多选择。

那片田野，如同眼前的河堤一样让人迷恋：清澈泛蓝的河水，随风飘拂的垂柳，枯黄的禾草，吐露新绿的杂草。从桥上俯视，却也是一幅画，一幅可以让人瞬间平静、安宁、沉思的画面。一切都会变，但那片田野的肥沃，那片田野里的万紫千红，只会在原有基础上更加丰富，更有层次。相信这片田野若干年后会给我们更多惊喜！

清澈的河水，翠绿的小草，充满生气的早春一瞥

阴天里的漾堤口村

小荷才露尖尖角，早有蜻蜓立上头

2018 年 5 月 1 日，劳动节，没有远行，拖家带口一行六人去雄安新区看植物。同一个地方，如此密集的到访，只想从生态的角度观察其物候变化，看看不同时间，这样的一个地方，能带给我们怎样的自然感受，能有哪些意外收获。带着这样的期许，我们奔向了雄安新区的核心——白洋淀。

心中一直有一个执念：赴约自然，去野外就一定有收获！这一天的所见所闻，有欣喜，也有深思，最重要的是，以一个普通人的身份，体验雄安一天，所感所悟更接地气！

因为出门晚了，将近两个小时的车程，到安新县已经中午，索性在县城吃个午饭再去野外吧。全家着急忙慌地吃了快餐后到达了安新县漾堤口村。漾堤口村是我们第一次来雄安新区时找到的一个小村庄，因为距离白洋淀水边较近，但又不在景区里，租船进白洋淀相对较方便，所以成了我们一个定期的访问点。

　　时间紧，为了能够聚焦观察，我们把目标完全锁定在白洋淀。从漾堤口村租船进淀，在船上度过了将近四个小时的时光。今天划船的是一位七十多岁的老爷爷，虽然年事已高，船划得却是很带劲。划船也许已经成为当地人的一种习惯，那么自然，随性，稳当！

芦苇长高了

　　一个月前只是探出头的芦苇，高高低低的已有半人高，新绿层层叠叠夹杂着枯黄，色彩很是丰富。葫芦科盒子草属的盒子草用卷须缠绕在芦苇的身上，拼命生长，充满生机。禾本科菰属多年生宿根草本植物茭白远远地抓住了我们的眼球，宽宽的叶子一个劲摇摆着朝我们招手，黄绿相间的叶片，非常惹人喜欢。水鳖的叶子也冒出头了，水水嫩嫩，非常可爱。捞一片水鳖的叶子翻看背面，鳖形非常明显。瞧，睡莲也忍不住长出叶子来了。椭圆形的叶子浮于水

新绿，层层叠叠，充满希望

缠绕在芦苇身上的盒子草

茭白的叶子左右摇摆，远远地抓住了我们眼球

水鳖叶背面

杨花柳絮终究是没有放过这片刚长出叶片的睡莲

菹草探出水面的花序

菹草的小花

面，你争我抢，却也井然有序。本来新绿的睡莲叶子能给我无限美好想象，却不想杨花柳絮也不放过白洋淀这片水域，洋洋洒洒地落在水面，与睡莲亲吻。画面多了些许杂质，也多了几分真实。

菹草穗状花序挺出水面，花序上虽然只有零星的几朵小花，淡绿色，很不起眼，但这么早开花的水生植物也唯有菹草。花虽小，数量却多得惊人。大爷告诉我，家里上千只的鸭子都以菹草为食，它又是鱼的主要饲料，所以他每天都会下淀打菹草。

芦苇荡的层次感来自所有物种的共同装点。即便很普通的淀中一瞥，也是美好无限。芦苇荡的美因为一望无际的湖水；因为新旧共存的芦苇植株；因为装点它们的水生植物和岸边草本；更因为这里的水鸟、昆虫和人们的活动。

白洋淀的一角，一望无际

如诗如画，如痴如梦

上图 刚刚冒出水面的荷叶们，对水上的世界充满好奇，以各种姿态四处张望

    第一次在水面上如此近距离、长时间地观察形形色色的荷叶初出水面的各种姿态，发现刚冒出水面的荷叶们竟然和人一样，对周围的一切充满好奇，四处张望：有的卷曲叶边，久久不愿舒展开来；有的叶片完全闭合，只露出一个尖尖角；有的半卷半露，审视周围环境。船停在淀中央，大家屏住呼吸，静静看着周围的一切，似乎能听到荷叶们的窃窃私语，你推我阻，好不热闹。

下图 每一片刚舒展开的荷叶，竟是那么迷人

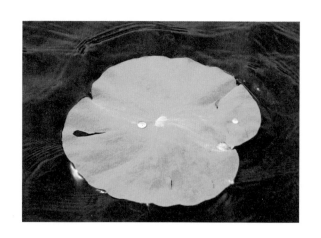

    "泉眼无声惜细流，树阴照水爱晴柔。小荷才露尖尖角，早有蜻蜓立上头。"杨万里的一首《小池》道出了大自然中植物与昆虫之间亲密互衬的美妙画面。当已经习惯了城市混凝土的自己，猛然看到诗句中的画面出现在眼前，竟被深深感动了。

"不对不对，荷叶上的应该是豆娘"。学过昆虫学的我发现，眼前的昆虫和诗歌中的蜻蜓不一致：豆娘的复眼之间有一定距离；体形像根树枝，较细；两组翅膀大小和形状一样；休息时翅膀叠在一起立于背上。而蜻蜓的复眼挨在一起；体形较粗大；两组翅膀后翅大于前翅；休息时翅膀和身体成垂直状。镜头中的昆虫，大复眼，细身躯，确定是豆娘。

为了近距离观察豆娘，小船向荷叶靠近。一点点，慢悠悠，哇，终于来到一片荷叶边上，偌大的荷叶上竟然捕捉到了四只豆娘：有的扑闪着透明的翅膀，独自玩耍；有的合着翅膀一丝不动地在沉思；还有两只用身体相互挑逗，正处在你侬我侬的"热恋"中。瞧，旁边的荷叶上有一对正在交配，几只苍蝇正在嗡嗡地为它们伴奏。一切竟是如此的和谐！

与周围环境融为一体的碧伟蜓

"咦，那一片菹草上停了一对蜻蜓！"林博士冲我嚷。我的微单镜头赶快在菹草上面寻找，果然，镜头里出现一对绿色身躯的蜻蜓：碧伟蜓，身体足足比豆娘大了一圈，绿色的头部，黑色的身躯，张开棕色的大翅膀，连交配也都在视野开阔的水面上。不过它的头部、胸部与水草融为一体，很难分辨。这也许是为了躲避天敌的捕食，更好地繁衍后代。看来昆虫们也是长了各种心眼。

驻足拍鸟儿的经历

因为独特的水域环境，白洋淀上的鸟儿也非常吸引人。在植物所的树木园，一年四季都能看到拿着长枪短炮的老爷爷们驻守拍鸟儿的身影。从没想到自己有一天也会为小鸟儿拍写真，看来拍鸟儿真的会上瘾。

小船摇摇晃晃在水面上飘荡。"快看快看，前面的木桩上站了很多水鸟……"划船的大爷看我们对着水面发呆（其实我们在找水里的植物），大声叫起来。顺着大爷手指的方向，呀！果然，停了一长排水鸟。因为没有深度观察过水鸟，手边又没有资料可查，所以只能跟孩子般地叫嚷："好多鸟儿！好多鸟儿！"然后就是噼啪噼啪一顿狂拍。拍鸟儿是需要专业设备的，我这么一个带着105毫米镜头走天下，眼里只有颜值高的开花植物的人士，怎么能拍好小鸟？我对自己也丝毫不抱希望，但为了和林博士一比高下，还是玩命地拍。100多张照片中能选出两张能看的照片，自我感觉还挺满意。

我拍摄的水鸟叫灰翅浮鸥。感谢母校北京林业大学博物馆的王志良老师和河北大学牛一平老师的鉴定。现在发达的通信技术，使得不同专业之间的请教和交流变得如此快捷而准确，这让我感到无比幸福。只要有一颗想要探究的内心和求知欲，走出门去，来到大自然，植物、动物、菌物，哪怕石头都可以拍摄、探究，找相关领域专家探讨。当我知道灰翅浮鸥的名字时，我是兴奋的。物种名称是探索这个物种的敲门砖，不管它是什么，有了名字，就有了查询资料的依据。

很快，我便上网搜索了灰翅浮鸥的图片，自认为拍得不错的照片和网上的相比，简直差了十万八千里。但在这片水域捕捉到这个物种，本身就是一种资料记载和积累。于是我还是重拾自信，把自己拍的百里挑一的照片贴了出来。

左图 在木桩上四处张望的灰翅浮鸥

右图 展翅高飞的灰翅浮鸥，尽情享受飞翔的快乐

灰翅浮鸥是鸥科浮鸥属的小型水鸟，常见于全国各地，2013 年它被列入《世界自然保护联盟》(IUCN) 濒危物种红色名录 ver3.1 低危（LC）。在白洋淀，灰翅浮鸥的数量较多，见于淀中木桩及芦苇丛中。对人的敏感度极高，很难靠近拍摄。

有幸拍摄到的另外一种小鸟是震旦鸦雀。查阅资料才发现，震旦鸦雀因为活动空间仅限于芦苇荡中，并且数量比较稀少，被称为"鸟中的大熊猫"。震旦鸦雀是我国特有的珍稀鸟类，主要以昆虫为食，冬季也会选择吃浆果充饥。震旦鸦雀动作敏捷，活泼好动，在

被称作"鸟中的大熊猫"的震旦鸦雀

芦苇荡中钻来转去，抓拍一张它安静站立的照片简直太难了。还好，驻足是有收获的。又是百里挑一的照片——一张震旦鸦雀在芦苇植株上安静站立的照片。天啊，简直就是高颜值气质美女。尽管背景不给力，是耷拉着脸的灰色天空，但丝毫不影响震旦鸦雀的气质：高贵，自信，美丽，古灵精怪。

大自然用色就是这么大胆：黄色的嘴，黑色的眉纹，狭窄而白色的眼圈，黄褐色的背部，粉黄色的脚爪。因为动作灵敏，可以巧妙躲避天敌。震旦鸦雀就这么完美地诠释着自然的颜色。

阴沉的快要掉下来的天空终于飘起了小雨，半个多小时的驻足时光不得不结束了。虽然只拍摄到两种水鸟，却也是大大的满足。文献记载白洋淀的鸟类种类有 203 种，属于国家级保护物种的有 26 种，其中一级保护物种 4 种。我们在白洋淀的拍鸟经历只是抛砖引玉，希望更多朋友看到这段文字和图片能够多了一个拍鸟的地点——雄安新区的白洋淀。

小雨越下越大，舍不得离开，在岸边匆匆忙忙拍摄了砂引草和田间刚露出脑袋的玉米，瑟瑟发抖地结束了今天的植物考察。丰富、单纯、干净、绿色是今天考察的关键词。文学作品中的画面在这里显现，尽管是阴天，尽管阴雨连绵，但依然有吸引人眼球的植物、昆虫、鸟儿以及它们彼此成就的水域生态系统。五一小长假，如果不想远行，白洋淀是一个不错的选择！

细雨中的砂引草,
干净、纯粹、绽放

玉米苗已经露出脑袋，如饥似渴地等待春雨的滋润

细雨中拍摄植物的一瞥

采蒲台村的考察

　　以往的几次考察都是走白洋淀的北边，这次虽然只有一天时间，索性到淀的南边看一看。很多资料上记载的采蒲台村成了我们今天考察的目的地。因为前一天跟着延庆登山队去珍珠泉乡徒步 25 公里找兰花，一大早五点多从延庆直奔采蒲台村，300 多公里的路程，却不能削减我们看植物的热情。

白茅叶子上犹如珍
珠的小水珠

几个物种也是收获

一大早从延庆赶到采蒲台村已是中午十二点半，顾不上淅淅沥沥的春雨，先来记录路边的物种吧。植物在阴天雨水的滋润下依旧清新脱俗，绿油油的。在野外千万别瞧不起禾本科植物，因为很难辨识，很多爱好者对禾本科望而怯之，但往往禾本科植物

满头白发的白茅，随风招手

能带给我们视觉冲击。这不，路边的白茅一下子抓住了我们的眼球：绿色的植株，顶着白色的"头发"，一片片，随着小风飞舞，似乎在向我们招手，喊着"来拍我，来拍我"。走近一看，白茅白色的"头发"里暗藏玄机：原来小小的种子都在"白色头发"里包裹着，风一吹，"头发"带着种子远足传播。多么有心机的植物！再看看细长叶子上晶莹剔透的水珠，纯洁、干净，像一粒粒珍珠。春雨中看植物，别有一番滋味在心头！

补血草是女生们的最爱，现在的花店偶尔也卖干花，但野外的补血草更有灵气，更耐看。二色补血草白色和黄色的花儿在春雨的洗涤之下，更为新亮。二色补血草是白花丹科补血草属的多年生草本植物，一般丛生，有补血止血之功效，故而得名。遇到二色补血草是多么让人开心的事。虽然物候有点儿早，在一片荒野中稀疏地长着几棵，采集三份标本都有点儿困难，但发现分布点才是更有意义的事情。二色补血草是盐碱地的拓荒植物，如此高颜值，在雄安新区的后期建设中，应该能发挥很好的绿化作用。

二色补血草正值盛
花期，清新脱俗

　　一大丛蓝紫色的小花在招呼我们，走进一看，呀，是菊科乳苣属多年生植物乳苣。正值盛花期的乳苣，一个植株上同时开了有几十朵头状花序，很是惹眼。仔细观察一朵头状花序，大约含有 20 朵紫色的舌状小花，每朵小花几个月后都将发育成一粒种子，多么多产的植物。乳苣一般生长在河滩、田边、沙丘或砾石地，资料记载河北也有分布。菊科植物适应性强，而乳苣的花朵比资料中要鲜亮很多，加之北方野生植物开紫色花朵的植物相对较少，所以乳苣也可以作为一种雄安新区绿化的草本植物而重点栽培。

　　菊科植物花叶滇苦菜，黄色的花儿已经凋谢了，花序上只剩下凋零后的残体。蓼科植物酸模叶蓼密密麻麻、整整齐齐地长了一大片。虽然酸模叶蓼在南方总是引起危害，但在北方，它们生长在田地边、沙地及路边荒芜湿地，尚未造成大面积的危害。从尊重生命的角度来看，酸模叶蓼的繁殖能力和适应性还是很值得赞赏的。菊科鬼针草属的多苞狼杷草长得有半人高了，长势良好。多苞狼杷草

属于外来入侵植物，全株可以入药，叶子还能做茶，可以用于植物产品开发或体验活动素材。我们还见到了禾本科的中华隐子草，一丛丛相互张望着。齿果酸模的青果长出来了，一个挨着一个，非常紧凑。十字花科的风花菜又叫球果蔊菜，正值盛花期，黄色的小花很精致，植株有一米多高，可入药。采集了一株作为标本，比两岁多的女儿高出一头。阴雨中采集标本，女儿非常享受其中，孩子在自然中释放天性般的自在。美好的植物，美好的经历。

上图 乳苣植株，长了几十个头状花序

下图 乳苣头状花序，由20几朵舌状小花组成

鸬鹚捕鱼

在北方农村长大的我，对水里面的事一无所知。虽然时间紧，还是租了船在南部的白洋淀中转了一圈。芦苇长得更高了，花序已经随风飘舞；水鸟藏在芦苇中间，叽叽喳喳地叫个不停；水面的快艇一艘艘的，游人多了起来。最让我难以忘怀和必须记录的是一条小船上的老人与他的鸬鹚们捕鱼的事。

人生第一次看见这个叫作鸬鹚的鸟儿，林博士给我科普了半天。鸬鹚擅长潜水，主要吃鱼，个头大，嘴巴长而带锐钩。正因为捕鱼厉害，所以很多地方驯化鸬鹚用于捕鱼，等鸬鹚捕到鱼后，用绳子勒住它的脖子，让它们把鱼吐出来。我们眼前的这条小船、老人和他的鸬鹚们，共同构成了一幅捕鱼的画。安静、和谐，是这里的人们，特别是老人们的常态生活。

左页图
上左 花叶滇苦菜花柱上只剩下花朵残体

上右 长满幼果的齿果酸模果序

下左 花开得很是饱满的风花菜

上右 比女儿高出许多的风花菜植株，正值盛花期

本页图 鸬鹚、小船与老人

从隔船对喊的聊天中得知，老人已经82岁了，主要靠捕鱼和种庄稼为生；农闲时捕鱼，庄稼主要种小麦和玉米。尽管这块风水宝地各类经济作物都能种，但老人更倾向于简单易做的事情，忙碌而不荒度光阴，自食其力、扎扎实实地过好每一天，也就是他们自己嘴中的日子。

白洋淀中老人们捕的鱼大部分会被游客直接买走，也有些拿去镇上的集市卖。第一次来白洋淀时，我们也曾被老人打捞上来的活鱼所吸引，20元买了上百条小鱼，结果回家刮鱼鳞、掏内脏折腾了三四个小时。随着调查的深入，特别是对白洋淀水体的实地调查后，看到水里漂浮的垃圾，生活用水不经处理直接排放到淀里，闻到污水发出的刺鼻难闻的气味，便再也不迷恋淀里的鱼了。也许随着雄安新区的建设，逐渐对周围村民生活垃圾、生活污水进行集中处理，白洋淀的水质会有一个全面的提升，那时的鱼可能会真正得到游客的青睐。

鸬鹚捕鱼也许是最生态的捕鱼方式。岸边有垂钓者，也曾遇到划着小船用电棒电鱼的。相较之下，鸬鹚捕鱼更是特别，对于久坐办公室的我们来说，一条小船，几只鸬鹚，慢慢悠悠地划船，在夕阳西下的傍晚，什么都不想，任思绪拉得很长很长。这是多么诱人

四处张望的鸬鹚，悠然自得

的生活！这样的场景不知道出现在多少文学作品中，让人神往。不知船上的老人能否意识到这种温暖的幸福？

真实的淀？

上图 水面上的茅草屋及木桩

下图 水面上的钢铁桶

水是很有灵性的东西。哪里有水，哪里就有灵气。水让白洋淀一下子活了起来，有了生机。白洋淀的美正是它的水及其周围环境组成的水域生态系统。

这是一个小雨蒙蒙的阴天，小船穿梭在淀里。走的越多，记录的越多，内心却也越为沉重。不能对这片热土评价什么。希望我的镜头能反映出我所看到的白洋淀。而只有记住今天，我们才会对明天有一个好的期待。

眼前的白洋淀也许只是北方水域的一个缩影，当人们的温饱问题都没有解决彻底时，往往会采用简单粗暴的方式对待他们认为不主要的问题。当我们可以放慢生活的脚步，愿以自然为友，一定要有善待自然的决心和行为。水对北方人来说，更是奢侈的礼物。当我们拥有这份礼物时，除了怀揣感恩之外，更需要用实际行动来呵护。我觉得，对于白洋淀水域的治理，除了国家和政府出台政策和措施外，对公民行为的引导尤为重要。白洋淀的人们是淳朴的，他们热爱这片水域，只是长久以来，没人告诉他们，垃圾不应该往水里倒，污水不能往水里排。水域生态系统很脆弱，更需要人们谨慎对待。政府的引导和对环境知识的科普是白洋淀水域本土保护的很好举措。相信国家在确立雄安新区千年大计时，已经对雄安新区的各项本底情况有了详尽调查，水域保护和治理也应该是其中一项。期待看见更有灵性的白洋淀！

小鸟在遗撒于水面
的捕鱼网上站立着

麦子成熟了

对于小麦，骨子里有种天生的喜欢。金色的麦浪，承载了太多成长中美好的记忆。陕西乡村的初夏，麦浪滚滚，总有一个七天的假期是跟收割小麦有关。大人们用镰刀割完小麦后，小孩子们成群结队拎着小篮子，在大人身后拣拾遗漏的麦穗，用于勤工俭学。小麦在麦场上经过带着轮子的拖拉机碾压后，麦粒和麦糠从麦秆上脱落。大人们晚上都会在麦场边等着大风把麦粒和麦糠吹分离，此时的孩子们会在大人身旁，手拉手做各种游戏；抑或为了乘凉，大人们晚上会住在麦场，看守碾好的麦粒，孩子们也跟着大人一起躺在麦场乘凉，看夜空，数星星，放声歌唱。麦香，让大人们很满足，孩子们也跟着很满足……

距离现在最近的有关小麦的记忆则是十四年前高考完，一个人从考场回家，家人们都在麦场碾麦子。他们并没有专门去考场为我鼓劲加油，考完后也只是如往常一样，问我发挥如何。我很自信地告诉他们：超常发挥，能上理想大学。他们听后有着无以言表的开心。记忆中的那个夏天，哪里都是快乐的气息。那年，我如愿考入自己理想的大学——北京林业大学，从此远离故乡，求学、工作，一直都在北京。这些年，也去过一些地方，拍过不少风景，但从记忆中淡去的小麦的味道，时不时会在脑海中浮现。

第一次踏上雄安新区的土地，就深深迷恋上了绿油油的麦田。

金色麦浪，处处是收获的喜悦

一望无际的小麦，成熟之时会带给我们怎样的震撼呢？掐算着日子，6月9日，小麦应该已经成熟饱满到最佳状态了。好，周末就去看麦田。但林博士周末两天都要带西城科技馆的孩子们去百花山做自然观察，怎么办呢？再等一周，也许小麦都会被收割掉。我是一个急性子的人，一旦内心有了某个念想，分分钟就要付诸行动。早晨六点开车把林博士送到集合点，我调头回家，带着两岁半的大女儿和老爸，开始了在雄安新区观察小麦的短途旅行。

金色麦浪是对这片土地最美的诠释

天气不给力，从北京出发时是阴天，刚出北京界，小雨淅淅沥沥下起来。上了高速，就没有回头路，今天一定要看到麦田，这样跟自己说着。

是的，此番的麦田终究没有辜负我的一片痴心。一眼望不到头的金色麦田，处处是丰收的景象。空气中弥漫着泥土的味道，和着麦香让人沉醉。

小麦，禾本科的一种单子叶植物，在世界各地广泛种植。它的果实通过脱皮、磨粉后可以做成面条、馒头、面包、饼干等食物。特别是我国的北方，人们爱面食爱到骨子里，变着花样做各种面类食物。大人小孩谈到面食都会口水四溢。然而，尽管小麦与我们如此"亲近"，生活在城市的现代人，却不是都能准确辨识它的。撇开小麦的价值不谈，从物种的角度来看，小麦绝对属于植物界的"高颜值美女"：纤细的身姿，沉甸的果序，长长的芒保护着一粒粒饱满的种子。春天的翠绿，带给人无限希望；夏天的金黄，带给人丰收的喜悦。从欣赏植物的角度来看小麦，这是4000多年来，人们驯化的最为成功的植物之一。

高颜值美女：纤细身姿，沉甸果实，长芒护粒

徜徉在麦田中，沐浴在蒙蒙细雨之中，看不够，拍不完。都市的人们总会在不同时节找时令景观玩赏，而麦田绝对属于初夏最让人流连忘返且百看不厌的大景观。瞧，金黄的画面中，零星有几棵

上图 夹杂着菊科植物
黄花蒿的麦田

下图 小麦的颖果

比麦子还高的翠绿的黄花蒿——这就是自然，毫不掩饰，就是本真的感觉。

麦田中还比较喜欢生长的植物有荠菜、麦瓶草、燕麦、苍术、附地菜等，但一般农民会在春天把各种杂草（除小麦之外的植物，农民简称杂草）除掉——以前是人工铲除，现在基本都是靠除草剂。除草剂是非常神奇的药物，喷在农田中，杂草都会分分钟焉掉，直至死亡，而主作物小麦、玉米等却能活性依旧。我们应该感谢它带来的便利呢还是质疑它带来的某些方面的破坏？不论怎样，农民们是非常乐意用除草剂清除杂草的。

西瓜过季了？

除了惦记雄安新区的小麦景观，一直在心里盘算着麦子熟了，就可以吃到香甜的西瓜了——春天可是答应过大棚里的大姐要去她家采摘西瓜的。车子在雨中前行，速度不快——看完了小麦，无法在雨中步行，只能开着车寻觅，看还能找到什么物种。

"西瓜，西瓜！"可可叫了起来。果然，在马路边，一片西瓜田映入眼帘。特别有意思的是，西瓜主人在路边搭了一个棚子，里面用木板铺成临时的床，上面有被褥。因为下着雨，女主人盖着被褥坐在床上，男主人在下面忙前忙后。瓜蔓布满田野，一个个圆滚滚的西瓜在雨水的滋润下很有灵气。我忍不住停下车，抱着可可坐在棚子的床上，随后冻得哆哆嗦嗦地挑了三个西瓜。男女主人都很朴实友善，他们告诉我，大棚中的西瓜已经过季了，露天的瓜正值最佳取食季

上图　冻得瑟瑟发抖的可可在主人家临时的棚子中避雨

下图　瓜蔓布满田野，一个个圆滚滚的西瓜在雨水的滋润下很有灵气

节。2毛钱一斤的西瓜，引来了好几辆车里的人驻足购买，男主人耐心地替顾客挑选熟透了的西瓜。

西瓜是葫芦科一年生蔓生藤本植物，茎比较粗壮，叶片基部心型；雌雄花同株，花冠黄色；果实大，球形，肉质，汁多；种子黑色，数量较多；花果期一般都在夏季。西瓜作为水果在我国各地均有栽培，且品种繁多。西瓜原产非洲，金元时期传入我国。汁多爽口指的是西瓜的内果皮，就是我们取食的部分。西瓜需要经过选地、整地、施肥、定植、整枝、压蔓、坐瓜、采收、病虫防治等一系列劳作后才有收成，日常维护管理并不简单。因此，西瓜属于创收型水果，只有勤劳有心之人能为之。

还是对男主人大棚西瓜已经过季的说法不死心，我于是把车开到一个大棚边停下来，通过缝隙观察了大棚里面的状况。果不其然，一片狼藉，大棚西瓜的繁盛已荡然无存。怎么能这么快？距离上次看到农民在大棚中疏花也就50天的时间，一种作物的生命史居然这么短暂？一眨眼的工夫，从花期越过果期，眼前已经是残缺的植株，

香甜可口的西瓜，要经过辛勤劳作才能有所收获

给人以"入作春泥更护花"的悲怆感。我突然有种莫名的失落：植物的生命轨迹如人生一样，开花结果都是不同时段的经历，最终都会归于泥土，我们能做的便是把每天都过得精彩，莫到了暮年之时再感慨时光短暂。

上图 心心念念的大棚西瓜，再入眼帘时已是残存植株，大棚中已然被各种蔬菜所取代

下图 俘虏无数人的蓝花矢车菊

用色彩装扮田野

雨一直在下，终究忍不住路边小花们的召唤，蓝色的蓝花矢车菊、红色的波斯菊、黄色的两色金鸡菊、粉白相间的田旋花、金黄的独行菜、绿色的萹蓄、初见青果的砂引草……草本植物用清新的姿态装扮着田间地头，让田野的色彩丰满而耐看。

蓝花矢车菊原产欧洲，因为其美丽优雅的花朵，很多人写诗赞颂它。蓝花矢车菊色彩靓丽，在原

上图 颜值超正的两色金鸡菊

中图 "雨中美人"田旋花，星星点点的雨滴洒在上面，娇娇滴滴，像极了南方女子，让人心生怜悯

下图 全身金黄色的独行菜，种子已经脱落了，但仍然保持着良好的身形和姿态，还是拍照的好对象

野中遇到，谁都抵挡不住它的诱惑。我自己也无形被它俘虏了。虽然我知道本地物种砂引草比它美丽得多，更值得观察和记录。

波斯菊原产墨西哥，在我国已经完全被"归化"，从南到北，6～8月，并不难遇到。东北的长白山保护区道路边，北京延庆乡间小路的两旁，都曾见到大面积人工撒籽种植的波斯菊。在雄安新区看到春天采荠菜的空地也出现了大面积的波斯菊，内心不禁悲伤起来。那个春天调查时还有几十种植物的荒地，变成眼前只有一种植物构成的"壮丽"景观，到底是好是坏呢？多么期待看到物种更为丰富的荒野！

多年生草本植物田旋花在雨中非常好看，特别是田旋花花朵中间比较明显的白色五角星，和花瓣外围的粉红色五边形相互配合，共同组成了田旋花独特的花形。星星点点的雨滴洒在上面，娇娇滴滴，像极了南方女子，让人心生怜悯，拿出相机，蹲在雨里噼里啪啦地拍个不停。身为女子，有时候我们应该也像花朵学习，适当柔和，懂得甜美，也许更吸引人。

十字花科独行菜属的独行菜配合着小麦的成熟期，也是全株金黄了。用手搓着圆形的短角果，发现它的种子已经脱落，仅留着黄色植株和果壳，让人失望。不过种子脱落的独行菜仍然保持着良好的身形和姿态，还是拍照的好对象。

110 求救

出野外各种事情都可能遇到，但在雄安新区这么平坦的地方，我从来没担心过会出现什么问题。谁知道意外还是发生了。当时我正端着相机在路边拍那迷人的矢车菊，它长得确实太招摇了。林博士没一起来，我的眼里只有开着花儿的植物。车子停在麦田边一块空地。正在我疯狂按快门的时候，听到老爸叫我："车门锁了，车门锁了！"

因为可可要上厕所，老爸抱着可可从车里面出来，雨也不小，他怕雨飘进车里，就随手把车门关上了，可钥匙在后座上，结果车子自动落锁！自动落锁！天啊，可可没穿鞋子，在老爸怀里淋着雨。我手机在车里，还好老爸的手机带出来了。怎么办，在距离家有140多公里的地方，取备用钥匙不现实，怎么办？

左图 荒郊野外，阴雨连绵，车子自动落锁，无助！

右图 父子俩冒雨开车锁，感恩！

情急之下打电话给弟弟，弟弟建议打给 110，找专业开锁公司。好主意。按照弟弟的建议，果然成功了。车子是在距离容城县城 10 公里的地方，前不着村，后不着店。我跟开锁公司的人加了微信，分享位置给他，一个 50 多岁、喝了不少酒的男人，带着他二十多岁的儿子和七八岁的孙女一起来的。

　　开锁远比我们想象中要难，折腾了一个多小时，车门终于打开了，虽然我的遥控钥匙已经被戳得面目全非。

　　在此真的要感谢现代科技，汽车、手机、微信、导航，为我们的生活和工作提供了很多便利。虽然被锁在车外，但内心却没有丝毫焦虑，我想这应该是内心对这个地方、这里的人们、现代的技术无形中的信任吧。一个人只有对某个地方有了足够的亲近、热爱，才会有信任。我想，我已经爱上了这个常常光顾的叫作雄安新区的地方，哪怕是荒郊野外，也无畏无惧。

　　麦田，看到了！这场冒雨的野外探索已烙在生命里！

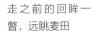

走之前的回眸一瞥，远眺麦田

一行九人的雄安新区
植物多样性调查团

植物调查团来啦

　　琢磨着组一个团在雄安新区住几天几夜，认认真真、扎扎实实地调查一下雄安新区的草木。但找怎样的人组团，如何调查，什么时间调查，调查到什么程度等一系列问题，每每让人望而却步。马上7月份，实在不能再拖了，跟林博士念叨了我的想法，结果第二天，林博士说他已经建好雄安新区植物调查团队了，7月1日就可以开始出行。啊！我的天啊，性格慢半拍的林博士受了怎样的魔咒，这么速度，难以置信啊！不是计划找林大的本科生吗？不是本科生还没到暑假吗？

　　很多时候，遇到问题时我们若变换思维，真的会柳暗花明。因为6月中旬林博士曾带北京的一个花友群的植物爱好者们去百花山看过植物，于是便进入了花友群中。大家因为共同的爱好走在一起，群里每天交流很是活跃。于是他便决定从中找爱好者组建雄安新区植物调查团。时间、地点、带队老师、调查对象等一发出，分分钟组团成功。四位资深植物爱好者晓青、静之、晓黎、木槿成了雄安新区植物调查团的主力团员。

雄安新区一马平川，除了住宅、村庄、白洋淀水域之外，基本都是农田，这样的平原除了草本植物还能有什么好东西？为了彻底搞明白新区的植物多样性，又能有新鲜的技术方法融入调查，充分调动起每个参与者的兴趣，我们加入了遥感元素，把时下比较流行的无人机也纳入其中。这样便有了环境科学院王伟老师团队、北京建筑大学蔡国印老师团队的加入。于是，2018 年 7 月 1 日，雄安新区植物多样性调查团成立啦。

样方这样来设置

要调查一个地方的植物多样性，如何才能又全又精呢？通过设置样方的方法可以做到。我们利用谷歌地图的最新高精度的遥感影

雄安新区网格调查示意图

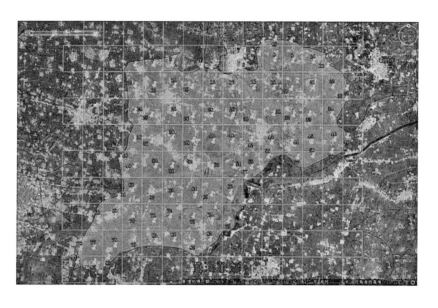

像图，将雄安新区按一定大小（5千米×8千米）进行网格化，并根据遥感影像初步判断各个网格内的植被类型和植物多样性状况，将整个雄安新区划分成不同的群落类型网格。从每一个网格中选取3～5个样方，作为现场调查的样点。雄安新区一共设置了90个样方。我们的主要任务就是开车到达每个网格的样点，调查这个样方有哪些植物，即植物多样性。这是怎样浩大的工作量！

调查，从 1 号样地开始

34.5摄氏度的高温，也无法阻止大家调查的热情。五点出门，会和、出发，到达容城县后找酒店，办理住宿，一切搞定已经上午十点四十。7月的河北热浪滚滚，去不去样地？大家异口同声说去。说时迟那时快，行动派就是这样给力，二十多分钟后，我们出现在了1号样地。这是一片包含苗圃与农田的地域。苗圃里种植着金叶榆，金灿灿的，给人一种丰收的感觉。金叶榆树下面，密布着各种草本植物。因为正值中午，有些植物显得无精打采，但龙葵、苘麻、小蓬草等植物还开着小花，吸引着我们的相机镜头咔咔咔地拍照。茄科的龙葵花果同期，变黑的浆果可以吃，还有甜滋滋的味道。记得小时候，在陕西眉县渭河边，七八月的暑假，午休醒来和小伙伴一起去河边、田野边找龙葵黑色果实来食用，也是乐趣无穷呢！

已经到了正夏，北方树木的颜色基本换作浓绿，黄色栾树的花便成为一种别样的风景，而苘麻的小黄花则是这个时期草本界的"栾树花"，用黄色装点着这片奔拉的绿色，让人振奋。苘麻的果实像磨盘一样，里面有很多"小卧室"，每个"卧室"里面圆球状的种子无数，还没成熟幼嫩的种子非常可爱。忍不住摘两颗放在嘴巴里咀嚼，甜滋滋的，是自然的味道。

菊科植物小蓬草走的是小清新路线。雨后的野外，或者早晨、傍晚光线比较柔和的时候，小蓬草会带给你无限的美好和清新脱俗。

上图 处于盛花期
的苘麻

下图 小马泡藤蔓
上的黄色花儿

而现在的小蓬草，叶片耷拉，无精打采，只能匆匆拍几张照片记录这份相遇。也许来一场雨水，这里就会是另外一番热闹的景象吧！

1号样地选了三个点停车调查，除了金叶榆苗圃外，其余两个点均为农田。农田中大面积的小麦已经收割，满是麦茬的土地上已经长出了高出麦茬的玉米苗，小苗随风飘动，四处张望找水喝。偶遇一片菜豆园，脑海中活生生浮现出一锅土豆炖豆角！来自东北的植物爱好者木槿说，这个豆角应该是"蹲豆角"，因为蹲在地上嘛！哇，真的啊，很形象！确实是很矮小的植株，但结满了长长的豆角，还没成熟我们却已经嗅出了丰收的味道。在菜豆地里还发现了一种超级神奇、呆萌版的小甜瓜，跟甜瓜一模一样，只是个头非常小，有拇指指甲盖那么大。连林博士都需要回去查资料确认这个物种。身为吃货的我忍不住摘了一个咬了一口，那个苦啊。不过，这小不点的身躯里竟然藏着跟黄瓜子大小一样的种子，真是奇妙。大家都在猜测这样逸生的物种

已经略微发白的小马泡
果实，难道已经成熟
了？摘一颗尝一下

来自哪里，后来一致认为可能是从浇地的水或者施的动物粪便中带过来的。植物好有心机！经过查阅资料，林博士确定迷你版的小甜瓜叫小马泡。

将近两个小时的调查，我们在 1 号样地调查到 50 多个物种。虽然都是草本，但多样性还是非常丰富的。草本植物们以不同的状态，在不同花期或果期，用残枝或幼苗装点着这片干旱的区域。虽然又累又饿，看着记录的长长的物种名录，却是满满的感动。

车子开到了庄稼地完全没路的地方，我们不得不返回。归途中路过一个村庄，路边的芝麻吸引了大家的目光。四位调查队员对于植物的热爱已经到了"走火入魔"的程度，在芝麻田，又找到了花生、山药、辣椒……一眨眼又有 30 多种物种被记录。超赞的团队！

华黄芪的天下

野外调查的神秘之处在于，你不知道下一秒会遇到什么。华黄芪就是今天给调查队的惊喜。这是一片荒地，闲置着一些废弃的船只，甚至还有生活垃圾。但在这么一个杂草丛生、甚至有些腥臭味的地方，却让我们遇上了华黄芪。

7 月初，华黄芪的果实已经成熟啦！ 70 ～ 80 厘米的身高，枝头挂满了饱满的果实，貌似在招呼我们过去采摘。林博士来自中科院植物所植物园的引种驯化部，他的职责之

华黄芪的花儿

一就是引种。引种的方式有两种：一是挖苗子；二是采集种子。看到这么多华黄芪的果实，林博士两眼放光，一边召集大家采集，一边嘴里念叨着："这是我在野外第一次看到华黄芪的分布。瞧，这片荒石滩还长了这么好的植物。我们园子本来是有的，不知什么原因就消失了。药植所倒是有种植，北植估计都不一定有。太好了，我们又给植物园多引了一个物种……"在林博士的要求下，九个人一起采集了三大袋子的种子。天啊，我们又拯救了一个物种吗？瞬间自豪感上升！

华黄芪的青果

采了一个华黄芪的果实，仔细端详。圆形的果实外壳非常坚硬，费尽九牛二虎之力打开后，里面有纵膜隔成不同小室，每个小室里有五六粒棕色的肾形种子。种子表面光滑，有 2 厘米左右，非常可人。

左图 果实成熟的
华黄芪

右图 华黄芪植株

富有的村民

专业的植物调查和一般的自然观察还是存在很大的区别。自然观察可以选择一两个目标物种，深入观察；而植物调查需要记录所有路线中见到的每个物种。于是这次的调查，我们不会放过任何一个有绿色的地方。抱着这样的心态，我们居然大胆地走进了一家有石榴树的农户。北方的农家也用了南方的院落陈设方式，在大门口有一个很大的石碑屏风，屏风前面是一个长方形的小花园，花园里零零散散地种植着各种植物。我们粗略地数了数，不足2平方米的地方竟然有十几种植物。正在我们热热闹闹沉迷在数植物的乐趣中时，一个五十多岁的大姐走了出来，慈祥地询问我们的意图。得知我们想调查她家的植物时，老太太高兴地拉着我们参观她家的园子。

越过屏风，里面的世界更精彩。先不说枣树、苹果树、各类蔬菜（芹菜、芫荽、豇豆、黄瓜、西红柿、茄子、辣椒、苦瓜、南瓜、葫芦、黄豆、海棠、桃……），单是枣树下的紫露草、条纹十二卷、日中花等都让人羡慕不已。还有那鹅掌藤、关节酢浆草、皱叶留兰香、鸳鸯茉莉、栝楼、长春花等，久久留香，让人难以离去。

看完园子，老太太又拉着我们说："我们家还有个后院，也有不少种植物，你们要不要也瞧瞧去？"多么质朴的村民。我们也是经不起诱惑，一行人浩浩荡荡钻进了主人家的后院：天啊，真是个"富有"的老太太！后院的物种更为丰富，无花果、芜菁、早园竹、芝麻、皱叶留兰香……

这是一片肥沃的土地，只要勤劳，只要肯耕耘，北方的粮食、水果、蔬菜，常见栽培植物均可以存活，并且活得都多姿多彩。这片宝地，应该留给珍惜它的人们来装扮。如果我在雄安有一块地，我一定把它建成一个物种丰富的花园，犹如眼前老太太的房前屋后。

那片土地，无人机来给你拍写真啦

前几次的调查我们看到的是成片成片的土地，这种类型的生态系统，一般的景观照片很难记录它的全貌。随着到访次数的增加，我深深地爱上了这片土地，想方设法地从各个角度记录它的美。于是，我邀请了中国环境科学院的一个朋友刘方正老师，让他用无人机帮我们俯拍雄安的美。果然，无人机的拍摄从另一个角度诠释了雄安：大气、磅礴、生机勃勃。选好高度，飞行平稳拍摄出来的画面，甚至可以辨识出物种种类。现代化工具为野外调查工作带来很多便利！

因为电池电量有限，我们仅在不同类型的生态系统做了试飞：苗圃、农田、杂草丛和白洋淀。刘方正老师是一个耐心而又严谨的

上图 无人机来啦

下图 无人机高空
拍摄的苗圃

人，他从无人机的开机、飞行、降落、采数据、数据处理等对我们这些门外汉做了细心的指导，我也有幸第一次摸了"小飞机"，操控了无人机。看到手机屏幕上从高空俯视雄安的画面，我的内心萌生出一种莫名的感动。授人以鱼不如授人以渔，真庆幸自己还有对新事物的好奇心。明白了刘老师的方法，我也要买一架"小飞机"。

对于雄安新区的本地调查，我们想尽可能的细致而全面，所以在遥感图上将雄安新区划分为 90 个样方，由林博士带着他的调查团队逐一调查。每个样地大体上长什么样子？是水生生态系统、农田生态系统还是村庄？我想让每个样方都有一张无人机的高空俯视照。希望我们的调查，对于政府规划者，对于想了解雄安新区的人，对于后人，都能是不错的原始资料。

无人机记录的荒滩调查现场

由十几张图拼接而成
的白洋淀的遥感图

　　由于工作原因，我只能跟着调查一天，周日晚上就依依不舍和大部队分开。调查团的 8 人在雄安新区调查了五天，几十个样方。他们调查植物种类，引种，采集种子。拍摄了上千张照片，调查了上百种物种，制作了上百种标本。希望我们的踏查和撒网式的调查，能够记录这里的每个物种，特别是本地的乡土物种。只有我们非常清楚这里有哪些物种，这些物种的现状怎么样，才能在今后国家战略的实践中，更好地利用乡土物种，建设美丽雄安！

长芒苋

北美苋

刺苋

辣薄荷

发枝黍

土木香

栝楼

甜瓜

薯蓣

上图 土木香

中图 柳叶刺蓼

下图 乳苣

上图　菟丝子

中图　习见蓼

下图　大茨藻

甘蒙柽柳

剑苞水葱

向日葵

长苞香蒲

弯距狸藻

行走

很庆幸，研究生毕业后，在马克平先生的引荐下，我来到国家标本资源共享平台（NSII）办公室工作。我的本职工作是项目管理，日常工作主要跟数据和项目打交道。为了不影响正常工作，几乎没有在工作日出过野外。这是仅有的一次。

中科院植物所高级工程师薛建华承担了 NSII 的雄安新区水生植物调查项目。2018 年 7 月 31 日，中伏第 5 天。薛建华老师带着她的学生在雄安新区已经连续工作 3 天了。中伏的北方骄阳似火，热得让人喘不过气来。即便在白洋淀的水边，也是闷热难熬。我约了 NSII 负责宣传的张德纯老师早晨 5 点半出发，去雄安新区看望薛建华老师的工作团队。我一方面想看看 7 月底的白洋淀，另一方面也想请德纯撰文介绍薛建华老师的团队，让更多人知道我们平台的项目。

德纯是一个责任心很强的人，工作节奏跟我很匹配。尽管我们一起共事仅半年时间，但相互之间形成的默契感觉像是认识了好多年的朋友。特别是做办公室宣传工作，一个好的伙伴可以省去中间很多沟通环节。所以我也在有意识地多创造机会，让我们彼此成长。在这样

的三伏天，坐在办公室里敲键盘，肯定比去野外舒服很多，但我提出想法时，德纯还是毫不犹豫地答应了。好的合作伙伴真的可以相互成就。

　　尽管出发很早，但到达白洋淀时，已经是上午 10 点多了。兜兜转转，我们到达约定好的圈头村时，薛老师团队已经租着船在淀里调查了快四个小时。原来因为天气热，调查组 5 点半就出门了，趁凉调查。薛老师派船来岸边接我们直接在淀里集合。白洋淀有多大，今天算是长了见识。从我们上船，到和薛老师碰面，整整在船上摇了一个小时十分钟。坐在船上，远远望去，哪里都是水，哪里都长得一样。船的发动机笃笃笃地响着，头顶火辣辣的太阳，船以 20 公里 / 时的速度前行，但也感受不到丝毫的凉意。

热得让人窒息的三伏天，淀里却美成一幅画

向野外工作者致敬

摇晃一个多小时后，终于见到了薛老师：薛老师浑身包得看不到一点儿皮肤，帽子、手套、墨镜、救生衣……一应俱全。学生是一个大学二年级的小男孩，也是救生衣在身，和我这身短袖、短裤的装扮形成鲜明对比。薛老师说带学生出来，安全第一，必须得为学生负责，所以以身作则。对于每个周末都想待在野外的我来说，早已习惯穿着短袖短裤奔赴大自然了。

水生植物的调查基本都是在船上进行，船速不能太快，眼睛必须锐利。一方面靠自己的踏查；另一方面靠在船上与当地人的交流打听。薛老师和她的学生利用这两种方式已经累计在船上坐了三十几个小时，调查了将近 30 种水生植物。越往后越难调查，比如芡实，据村民说以前有分布，但近几年很少看到。为了找到野外分布的芡实，见到不管旅游的船只还是当地村民的船只，都要搭讪，问一问。很可惜，她们最终也没有在白洋淀中找到野生的芡实。

白洋淀的水生植物都有什么呢？薛老师和她的学生顶着烈日在三伏天持续工作一周的收获是什么？把水生植物的名录贴出来，也是为了以后的建设中，从规划人员到绿化人员，都能参考到现有的白洋淀的物种，更好地指导以后的工作。

参差荇菜，左右流之。窈窕淑女，寤寐求之

向薛老师和她的学生致敬，谢谢你们不畏酷暑，带给我们如此详尽的白洋淀水生植物名录。

雄安新区水生植物名录

中文名	学名	中文科名	野生/栽培/归化	重点保护
满江红	*Azolla imbricata*	槐叶萍科	野生	
槐叶萍	*Salvinia natans*	槐叶萍科	野生	
苹	*Marsilea quadrifolia*	苹科	野生	
萍蓬草	*Nuphar pumila*	睡莲科	野生/栽培	河北重点保护
芡实	*Euryale ferox*	睡莲科	野生/栽培	河北重点保护
克鲁兹王莲	*Victoria cruziana*	睡莲科	栽培	
白睡莲	*Nymphaea alba*	睡莲科	栽培	
红睡莲	*Nymphaea alba* var. *rubra*	睡莲科	栽培	
齿叶睡莲	*Nymphaea lotus*	睡莲科	栽培	
黄睡莲	*Nymphaea mexicana*	睡莲科	栽培	
睡莲	*Nymphaea tetragona*	睡莲科	野生/栽培	河北重点保护
菖蒲	*Acorus calamus*	菖蒲科	野生/栽培	
紫萍	*Spirodela polyrhiza*	天南星科	野生	
浮萍	*Lemna minor*	天南星科	野生	
稀脉浮萍	*Lemna perpusilla*	天南星科	野生	
品藻	*Lemna trisulca*	天南星科	野生	极小种群
鳞根萍	*Lemna turionifera*	天南星科	野生	
无根萍	*Wolffia globosa*	天南星科	野生	
大薸	*Pistia stratiotes*	天南星科	栽培/归化	
野慈姑	*Sagittaria trifolia*	泽泻科	野生	
花蔺	*Butomus umbellatus*	花蔺科	野生	
水鳖	*Hydrocharis dubia*	水鳖科	野生	
黑藻	*Hydrilla verticillata*	水鳖科	野生	
大茨藻	*Najas marina*	水鳖科	野生	
弯果茨藻	*Najas ancistrocarpa*	水鳖科	野生	
纤细茨藻	*Najas gracillima*	水鳖科	野生	
小茨藻	*Najas minor*	水鳖科	野生	
苦草	*Vallisneria natans*	水鳖科	野生	
角果藻	*Zannichellia palustris*	眼子菜科	野生	
篦齿眼子菜	*Stuckenia pectinata*	眼子菜科	野生	
小眼子菜	*Potamogeton pusillus*	眼子菜科	野生	
微齿眼子菜	*Potamogeton maackianus*	眼子菜科	野生	
穿叶眼子菜	*Potamogeton perfoliatus*	眼子菜科	野生	
菹草	*Potamogeton crispus*	眼子菜科	野生	
眼子菜	*Potamogeton distinctus*	眼子菜科	野生	河北重点保护
浮叶眼子菜	*Potamogeton natans*	眼子菜科	野生	河北重点保护
竹叶眼子菜	*Potamogeton wrightii*	眼子菜科	野生	
光叶眼子菜	*Potamogeton lucens*	眼子菜科	野生	
川蔓藻	*Ruppia maritima*	川蔓藻科	野生	
黄菖蒲	*Iris pseudacorus*	鸢尾科	栽培	
凤眼蓝	*Eichhornia crassipes*	雨久花科	栽培	
雨久花	*Monochoria korsakowii*	雨久花科	野生	河北重点保护
海寿花	*Pontederia cordata*	雨久花科	栽培	

中文名	学名	中文科名	野生/栽培/归化	重点保护
粉美人蕉	*Canna glauca*	美人蕉科	栽培	
水竹芋	*Thalia dealbata*	竹芋科	栽培	
黑三棱	*Sparganium stoloniferum*	香蒲科	野生	河北重点保护
狭叶黑三棱	*Sparganium stenophyllum*	香蒲科	野生	
水烛	*Typha angustifolia*	香蒲科	野生	
长苞香蒲	*Typha domingensis*	香蒲科	野生/栽培	
宽叶香蒲	*Typha latifolia*	香蒲科	野生/栽培	河北重点保护
东方香蒲	*Typha orientalis*	香蒲科	野生/栽培	
小灯芯草	*Juncus bufonius*	灯芯草科	野生	
沼泽荸荠	*Eleocharis palustris*	莎草科	野生	
具槽秆荸荠	*Eleocharis valleculosa*	莎草科	野生	
牛毛毡	*Eleocharis yokoscensis*	莎草科	野生	
扁秆荆三棱	*Bolboschoenus planiculmis*	莎草科	野生	
荆三棱	*Bolboschoenus yagara*	莎草科	野生	
萤蔺	*Schoenoplectus juncoides*	莎草科	野生	
水葱	*Schoenoplectus tabernaemontani*	莎草科	野生/栽培	
剑苞水葱	*Schoenoplectus ehrenbergii*	莎草科	野生	极小种群
三棱水葱	*Schoenoplectus triqueter*	莎草科	野生	
水毛花	*Schoenoplectus mucronatus* subsp. *robustus*	莎草科	野生	
假稻	*Leersia japonica*	禾本科	野生	
菰	*Zizania latifolia*	禾本科	野生/栽培	
芦苇	*Phragmites australis*	禾本科	野生/栽培	
金鱼藻	*Ceratophyllum demersum*	金鱼藻科	野生	
五刺金鱼藻	*Ceratophyllum platyacanthum* subsp. *oryzetorum*	金鱼藻科	野生	
石龙芮	*Ranunculus sceleratus*	毛茛科	野生	
水毛茛	*Batrachium bungei*	毛茛科	野生	
莲	*Nelumbo nucifera*	莲科	野生/栽培	河北重点保护
扯根菜	*Penthorum chinense*	扯根菜科	野生	
穗状狐尾藻	*Myriophyllum spicatum*	小二仙草科	野生	
盒子草	*Actinostemma tenerum*	葫芦科	野生	
千屈菜	*Lythrum salicaria*	千屈菜科	野生/栽培	
细果野菱	*Trapa incisa*	千屈菜科	野生/栽培	国家重点保护、河北重点保护
欧菱	*Trapa natans*	千屈菜科	栽培	
两栖蓼	*Persicaria amphibia*	蓼科	野生	
茶菱	*Trapella sinensis*	车前科	野生	河北重点保护
石龙尾	*Limnophila sessiliflora*	车前科	野生	可能灭绝
杉叶藻	*Hippuris vulgaris*	车前科	野生	
弯距狸藻	*Utricularia vulgaris* subsp. *macrorhiza*	狸藻科	野生	河北重点保护
睡菜	*Menyanthes trifoliata*	睡菜科	野生	极小种群
荇菜	*Nymphoides peltata*	睡菜科	野生/栽培	河北重点保护
碱菀	*Tripolium pannonicum*	菊科	野生	
水芹	*Oenanthe javanica*	伞形科	野生	

接天莲叶无穷碧，映日荷花别样红

　　七月来白洋淀最大的福利应该是能看到满淀的荷花，琳琅满目，色彩斑斓。高的荷花，贴着水面的睡莲，共同构成一幅无边无际的水彩画。比起睡莲，更喜欢荷花的纯粹、高冷、挺拔，以及它"出淤泥而不染，濯清涟而不妖"的品质。因为睡莲的栽培品种比较多，反而搅乱了人们对它的最初印象。

　　白洋淀景区是夏天观赏荷花、睡莲的最佳场所。景区有比较完善的维护和管理措施，物种的丰富度比较稳定。反而是景区外面，往往遭人为破坏的可能性较大。所以在荷花开得最好的时节，也是集中精力调查周边物种的好时候。虽然没能进入景区调查荷花，但能够想象景区里面的壮观和色彩缤纷。

高的荷花，贴着水面的睡莲，构成一幅无边无际的水彩画

　　荷花全身是宝，花可以欣赏，果实莲子可以煲粥，茎可以作为莲藕食用。荷叶也是一种不错的减肥茶，很受年轻女性的欢迎。我们终于目睹了荷叶茶的晾晒现场，只见荷叶密密麻麻、整整齐齐地排列在一条条绳子上，自然风干。将风干后的荷叶切成小块，便可以与冰糖一起煮水喝。因为荷叶中富含荷叶碱，能分解体内的脂肪，促进排泄，是很好的减肥茶。很可惜，在雄安的集市，并没有看到荷叶茶。也许，在如此多荷花的白洋淀，荷叶茶以后可以成为其特产之一。

又见水鸟

炎热的伏天午后，没带望远镜，对水鸟并无任何期待。然而，这次却邂逅好几种水鸟。灰翅浮鸥的身形标致极了。这应该是一只雏鸟，静静地站在荷叶上张着嘴巴，是在散热？还是在呼朋唤友？炯炯有神的大圆眼睛，黑得像葡萄粒。一不留神，也许是寻到了挚爱，也许瞄到了食物，扑棱扑棱，它甩起翅膀扑打着荷叶，飞驰而起。看似弱小的一只浮鸥，张开翅膀竟然那么大！看它飞行的姿势，铿锵有力，有种大鹏展翅的野性之美。船停在这里许久，还想等待飞走的灰翅浮鸥再回来，可终究是没有等到。偶遇后的亲近很短暂，用相机记录它的英姿飒爽本已是很幸运的事了，可人就是这样，总抱有无尽希望。一望无际的水面，被太阳炙烤着，船夫说："走吧，前面也许会遇到别的水鸟呢。"

白洋淀中有不少木桩，木桩与木桩之间是渔网，主要用于渔民养鱼。水鸟喜欢在木桩上驻足嬉戏。瞧，不远处有两只夜鹭停留在木桩上，一只成鸟，一只雏鸟。夜鹭被称为"多彩画板"。黑色的嘴巴和身躯，白色的腹部。对于一个鸟盲来说，当成鸟和雏鸟同时出现在眼前时竟是如此迷惑。河北大学的老师已经鉴定过画面中的两只水鸟是夜鹭，但我还是不相信自己的眼睛：明明就是两个长得完全不一样的个体啊，至少身体颜色差很多。自己又查阅了一些文献和资料，最后终于确定是夜鹭的成鸟和雏鸟了。

能在船上端着相机捕捉到线痣灰蜻的高清姿态，也并非一件易事：船摇摇晃晃，蜻蜓敏捷好动。能拍到线痣灰蜻，还是很庆幸。这是一种高颜值蜻蜓：成熟雄性全身灰蓝色，成熟雌性体色深黄。我见到的是灰蓝色的雄性线痣灰蜻。它长着硕大的复眼，灰蓝色的身体，栖息于池塘、水库等水域。伏天的热，与线痣灰蜻驻足在香蒲叶片上的恬静形成强烈对比，给人一种强大的内心冲击：无论外界环境怎样，我们都要时刻保持内心的平静与安宁。我不由得爱上了线痣灰蜻这个"蓝色精灵"。

左页上 静静站在荷叶上的灰翅浮鸥，似乎在思考生命的真谛

左页下 灰翅浮鸥展翅飞舞，铿锵有力，尽显野性之美

本页上 夜鹭的成鸟（画面左边）和夜鹭的雏鸟（画面右边）

本页下 恬静而纯粹，是线痣灰蜻带给我们的美好

磅礴与宁静

　　北方人的粗犷与环境有着密切的关系，因北方的山川、河流、湖泊都尽显大气之本源。第一次来白洋淀，就被它无边无际的水面所吸引。盛夏的午后，这汪水更是给这里的人们带来无限乐趣。光着膀子坐在船上晃晃悠悠喝着白酒聊着天；大人小孩一起跳进水里游泳嬉戏；抑或什么都不干，只是坐在船上享受着水汽带来的丝丝凉意，静静看着骄阳暴晒的水面的静，都是极好的。

上图 盛夏是白洋淀的旅游旺季

下图 午后，兄弟几个在船上喝酒聊天

上图 大人小孩一起跳进水里游泳嬉戏

中图 二锅头是当地男人的最爱

下图 出门划船是常态。船是老年人最钟爱的交通工具

一方水土一方人。今天的行走，自己更像是一个实实在在的记录者。相机拍下的每幅画面，似乎都有一段叙不完的故事。无须言语，却饱满得让人充满想象。这种画面感承载了这个地方的文化和习俗，是长期的沉淀。越在这种酷暑难耐的极端天气下，越能在大街小巷看到属于这里的人文风景。

稿子写到这里的时候，正巧带全家老小去了趟河北沙河拍摄太行花。因为干旱，虽然找到了太行花的分布地点，但花的品相不好；换地点再找，却因为修路无法前行；不死心继续再换地点，因为山石土路起起伏伏，导致汽车轮胎起包，胎压降低，无法前行，最终只能遗憾返京。所有的行走不一定遇到的都是美好。特别是常在自然中行走，不一

村口一隅

定能看到目标物种。但在雄安新区的行走却不一样，是一直怀着没 村口河边印象
有目标物种的心态在行走。酷暑也好，寒冷也罢，希望记录行走中
遇到的一切，包括所见到的人，所经的事，所看到的每个细节。千
年大计成熟之际，这些文字，这些照片，也许会为雄安新区增加另
外一份沉淀和思考、宁静与感恩。

雄安新区的行走还在继续。应该会有很多持有不同关注点的人，
带着不同的观察角度，在即将开始建设的雄安新区行走吧！

邂逅八月的雄安

八月，热烈、火辣、奔放，洋溢着青春的气息。正值暑假，我们召集了年轻的大学生们加入到调查队伍中。知了不知疲倦、欢快地叫着，气温也到达了最高点，但我们对雄安草木的热情，一如既往。

这是连着四天的调查，样地从田野、荒滩、湿地到水域。调查队分工明确：拍照组、记录组、引种组、标本采集组。大家干得如火如荼。我因为工作原因，只参加了周末两天的调查。八月，一点没辜负我们的期望，草木柔情，尽情绽放。

田野调查

车子行驶在 S333 省道上，后进入容城县，路两边十几米高的毛白杨，给盛夏带来了丝丝凉意。今天的调查从 6 号样地开始。这是村庄旁边的田野，零零散散地种植着玉米、高粱、串叶松香草等，大多数已经搁浅荒废，草木丛生。苘麻、蒺藜、黄花蒿、苍耳、罗勒、萝藦、葎草你缠我绕，很是茂盛。

在一片绿色的海洋中，串叶松香草远远就抓住了大家的眼球。繁盛的头状花序，暖而灿烂的黄色，似乎一直招呼着：快来呀，快来呀。虽然已经是下午，串叶松香草依旧朝气蓬勃，硕大的花朵一点没有要闭合的意思。这是我第一次见到如此大面积、正值盛花期的串叶松香草，笔直的植株，2米多的大高个，顶着无数个圆形的黄色花序，热情洋溢地连成花海。因为长得比我们高，我们端着相机仰视这片串叶松香草，用手拽一支到胸前，准备给它来张特写。"啪"，小枝断了。它的茎就是这么干脆，一点不拖泥带水。生如夏花之绚烂，用来形容串叶松香草再恰当不过了。

串叶松香草是原产北美洲的植物，现在分布广泛，或因其醒目的花朵，或因其较高的营养价值。20世纪50年代初期，苏联将串叶松香草作为饲料研究，后引入朝鲜；1979年，北京植物园将其由

已被草木占领的田野一角

上图 串叶松香草的花海，沁人心脾

下图 这一朵标致的头状花序，多少大自然的秘密暗藏其中

朝鲜平壤中央植物园引入我国。如今在雄安新区的土地上邂逅这么大一片的串叶松香草，我想农民们一定是冲着它的饲料价值，为了喂饱牲口们的肚皮，没想到，这也成为盛夏的一道亮丽风景。无论怎样焦灼的情绪，看到菊科热情无比的花儿，一定会秒变平和温柔。热得汗流满面的时候，串叶松香草会带给我们浅浅微笑和无比的满足。这也许就是植物的力量。

我们在这片闲置的田野竟然发现了两种高大的苋科苋属一年生草本植物：假刺苋和老鸦谷。被假刺苋吸引完全因为它巨长的身体支撑不起头的耷拉样。它的植株有 1 米左右高，花序、果

序很长。一棵植株中的种子数量应该在 4000 ～ 6000 粒。这是多么高产的植物！我们发现，假刺苋附近没有低于它生长的其他物种，看来它对周围生长的物种造成了荫蔽。查阅资料发现，如此高产且对环境不挑剔的大个头假刺苋属于外来植物。它原产于热带美洲及西印度群岛，后局部归化于欧洲、亚洲的热带地区和非洲。2015年，在我国广东潮州市韩江沿岸发现有分布，在此次调查中发现雄安新区也有分布。因为较强的繁殖力、适应力，存在潜在的入侵风险。我们应该广泛宣传，加强各个部门及公众对这种植物的认知，避免入侵危害的

上图 假刺苋果序很长，一棵植株有 4000 ～ 6000 粒的种子

下图 假刺苋的果序特写，毛茸茸的果壳里面包裹着种子

发生。

　　同为苋科苋属的一年生草本植物老鸦谷，可能这片土地太适合它的生存了，长得跟人等高。圆锥花序长在植株顶端，由多数穗状花序组成，直立。因为果实快成熟了，花序变成果序后下垂。苋科植物都是高产型选手，一棵植株上有上千粒种子。值得一提的是，老鸦谷深受农民喜爱，其食用价值高，茎、叶可作蔬菜；栽培后可以作为花草观赏；种子为粮食作物，可以食用或酿酒。

　　我们在距离老鸦谷不远的地方，发现了气质脱俗的罗勒。这种茎四棱、叶对生的唇形科药食两用的芳香植物，虽然淡紫色的小花儿已经凋谢了，但依旧掩盖不了它的香气四溢。喜欢干热环境的罗勒，长得异常欢快。

左图　苋科苋属的
一年生草本植物老
鸦谷是高产型选手

右图　与人等高的
苋科植物老鸦谷

上图 罗勒淡紫色的小花已经凋谢了，但依旧掩盖不了它的香气四溢

下图 藤本植物萝藦毛茸茸的花

藤本植物萝藦在疯狂开着娇滴滴的白色花儿。藤本植物又叫藤蔓攀缘植物，指茎细长不能直立，须攀附支撑物向上生长。它们在攀缘其他植物体生长时，可能同被攀缘植物产生营养、能量和水分的竞争，从而影响被攀缘植物的正常生长。因此，有些攀缘植物具有很强的"绞杀"作用。萝藦只是依附于别的植物支撑自己的身体，并没有深度寄生，因而没有"绞杀"能力。萝藦的花由花冠、副花冠、花萼、花梗、合蕊柱五部分组成。由于花冠中央有环状隆起，因此萝藦又被叫作"救生圈植物"。

上图 高颜值的地黄。本该春天开花的你，也来夏天凑个热闹

中图 懒散的曼陀罗太怕热了，洁白的花儿也要合起来睡个午觉

下图 田野边上的农民和他的羊群。农民告诉我们，他们村旁种了很多植物，让我们去拍

河岸树林

时间来到调查的第二天，早晨六点半我们从酒店出发。阳光不算太刺眼，但气温已经将近 30℃。车子行驶在种满毛白杨的省道，周边的灌木主要是珍珠绣线菊夹杂着一些大花芙蓉。经过马庄、赵村，沿着河滩一路向南，路边的草本植物在除草剂的作用下，已经枯黄。车开了四十分钟，映入眼帘的全是密密麻麻的人工加杨林。树下比较贫瘠，向日葵、蓖麻、花生、苹果、梨在车窗外一扫而过。毫无疑问，这是一片风水宝地。只要勤劳的话，能种植很多植物和农作物。终于，一片原生态的旱柳进入我们的视野。深黑色的树干，张开四肢的大冠幅，我们连声叫道："哇，树之美让人感动！还是大树底下好乘凉。"

峰回路转，我们行驶到了烧车淀附近的河滩，把车停在空旷处，终于可以下车细品植物了。河滩边上依旧是望不到头的加杨林，有粗有细，有农户大爷赶着自己的羊群在河滩加杨林中优哉游哉散步。河滩开阔处，分布着益母草、旋覆花、曼陀罗、苘麻、球果蔊菜、荻、假苇拂子茅、黄背草、狗尾草、金狗尾草。下车走一圈，已经热得汗流浃背，但出出汗，引种一些禾本科植物回植物园种植，也是成就满满。

在杨树林中放牧的农户

上图 禾本科假苇拂子茅随风飘摇，形成一道独特的景观。因为生命力强，它可作为防风固堤的好材料

中图 河滩上成片的狗尾草

下图 灿烂盛开的旋覆花

车览上百公里的雄安新区，最大的感受就是雄安新区建设后一定比现在更好。仅从路边的绿化植物来看，目前的种植太过粗放，树种非常单一，路边的乔木只有加杨一种而已，偶尔能看到零星旱柳。雄安要跻身国际大都市，就得提高生物多样性，这需要政府、专家介入。

还是水面上最热闹

2018 年 8 月 7 日，调查队来到了白洋淀。这片水域是华北大地上的一颗明珠，广阔而宁静。租一条小船，摇摇晃晃地徜徉于水面：芦苇、酸模叶蓼、水烛、水鳖、莕菜、莲、红睡莲、槐叶萍、马来眼子菜、篦齿眼子菜、狸藻、苦草、盒子草、欧菱……经过眼前的植物已经完全勾不起调查队的兴趣，简单记录下物种名称后，大家竟对着水面上的水鸟拍个不停。

接天莲叶无穷碧，映日荷花别样红

上图 马来眼子菜在这片水域中自由生长

中图 二型叶的欧菱

下图 水鳖密密麻麻地挤在一起

须浮鸥是白洋淀水面上的常客，此刻它正站在木桩上四处张望，寻找小鱼。它动作灵敏，反应巨快。用拍植物的镜头抓拍须浮鸥，真心是耐力活。这只精灵站得很稳，太过专注，等待半天，也没能抓拍到它觅食的照片。观鸟比看花难太多！一只小池鹭稳稳地站在莲叶上，注视着远方，是看见了小鱼还是蜻蜓抑或虫子呢？从没有认真地观察过家燕，通过镜头，看到了家燕流线型的身躯，帅气极了！小船划过芦苇荡，竟然发现有个鸟蛋静静地躺在芦苇丛中。这是多么舒适的环境，才有如此多的水鸟愿意放心地将家安于此地。水面上蜻蜓点水，荷叶上蜘蛛在"嬉闹"，一切好不热闹！远望，淀岸边的人们，

图一　须浮鸥站在木桩上四处张望

图二　小池鹭稳稳地站在莲叶上，注视远方

图三　家燕流线型的躯体，帅气极了

图四　躺在芦苇丛中的鸟蛋

有的坐在船上，有的浮于水中，说着，笑着，多么灵动的水域！

呀！快看，水里有一条蛇，红绿相间，游动的速度好快！出野外好多年，最怕的就两样东西：蛇和蚂蟥。水里的蛇，看着它我都全身痒痒，但咬着牙也要把它记录下来。回到家把照片放大，才发现这是一条非常漂亮的蛇！赶快问林大博物馆的王志良老师，所有有关两栖爬行动物、鱼类的物种命名问题，我都会骚扰他。王老师秒回：虎斑颈槽蛇。马上查阅文献资料，才发现这种蛇长得凶猛，色彩鲜亮，性格比较温顺，俗称"野鸡脖子"。关于它有毒无毒，学术界仍然存在争议，但过敏体质有中毒死亡先例。

图一 蜻蜓

图二 荷叶上的蜘蛛跟露水在"嬉闹"

图三 虎斑颈槽蛇在水里奋力游动

图四 岸边的人们说着，笑着

夏天的"千年秀林"

自 2017 年 4 月 1 日设立雄安新区以来，国家要求用最先进的理念和国际一流的水准进行城市设计，建设标杆工程，打造城市建设的典范。2018 年 4 月 14 日，在中共中央、国务院做出关于对《河北雄安新区规划纲要》批复的总体要求中："打造优美自然生态环境""塑造高品质城区生态环境""构建由大型郊野生态公园、大型综合公园及社区公园组成的宜人便民公园体系，实现森林环城、湿地入城，3 公里进森林，1 公里进林带，300 米进公园，街道 100% 林荫化，绿化覆盖率达到 50%。"以及"保留有价值历史遗存，推广种植乡土植物，形成多层次、多季节、多色彩的植物群落配置，再现林淀环绕的华北水乡、城绿交融的中国画卷。""千年秀林"早早地先于别的基础设施提前种植。调查中，我们也有幸与"千年秀林"或擦肩或驻足。夏天的"千年秀林"用绿色彰显着生命的活力。

"千年秀林"的雏形

"对科学家而言，大自然是事实、法则和过程的宝库；对艺术家而言，它是无穷的画卷；对诗人而言，它是想象力的宝库，灵感的来源；对道德家而言，它又是训诫和寓言的宝库。"我想用约翰.巴勒斯的这段话结束这次为期四天的雄安之行。不同的人走过雄安，所观、所感、所悟一定不一样。我们尝试走过田野、凝视树林、观察河滩、记录农作物、泛舟水域，尝试走到这片有血性的土地的角角落落，毫无保留地记录在这里发生的一切，只为多一份原始资料供更多人参考完善。

上图 忍冬苗圃，为"千年秀林"育苗

中图 "千年秀林"一角

下图 "千年秀林"中长势良好的茶条槭

沉甸甸的金秋

　　秋天，收获的季节。秋天，植物们疯狂做着同样的事情：竭尽全力结实，散播种子。作为植物所引种驯化组的工作人员，我们的调查团队嗅到了自然中果实的味道，安排了为期六天的调查。这次的调查，从田野到林地，从陆地到湿地，从荒滩到农庄，我们地毯式的清点了雄安新区金秋的植物种类。

错峰开花的你们

　　在我国东北地区的针阔混交林中，有一类短命植物，在五月初迅速开花展叶，结实，传播种子。随着上层乔木展叶，短命植物的地上部分迅速枯萎。硕士期间我在东北长白山工作过三年，在每年五月初到十月中旬，目睹不同林型，不同生活型的植物的生存策略

秋天的调查团队

和求生技巧。植物的智慧真是让人感慨。

初秋九月，绿色仍是雄安新区这片土地的主打色。错峰开花的植物不在少数，它们抓住夏季的尾巴，优哉游哉、不紧不慢地开着靓丽的花儿，在柔和的阳光下，异常光彩。红蓼一定是秋天最为绚丽的主角。那亮红色，在秋高气爽的蓝天背景下，自由、随性，最是那一低头的温柔。如此俊俏的红蓼，不挑地域（在我国除了西藏外，各个省市均有分布），不挑环境（喜水又耐干旱，山谷、路旁、田埂、河川两岸、河滩湿地，均能成片生长），生命力强，生长在这片土地上，愈发的美妙。我曾经在北京昌平红石山谷的屋顶花园见过一大片红蓼，山谷主人喜欢沾花捻草，专门请人从野外采集红蓼种子，播撒下去无人管理，第二年却也花满屋头。红蓼就是这么皮实而耐看。也许，在雄安新区的未来，我们可以期待更多关于红蓼的故事。

在秋高气爽的蓝天背景下，自由、随性，最是那一低头的温柔。红蓼在向我们招手

黄色小清新柳穿鱼正处在盛花期，诱人极了。一个生态学背景的植物爱好者跟着植物分类学家出野外，一直被分类学家所"鄙视"：看见"大路货"为什么还这么兴奋？我的大脑中一直出现的问题是：为什么在这样毫无树木的平原地区，如此干旱的土地上，还能长出这么标致的花儿来？是什么力量促使这弱不禁风的草本开花？还开得这么迷人？是的，柳穿鱼就是这么让我心心念念。记得小时候，在陕西老家河滩荒地的一角，总能从一片绿色中发现开着黄花、弥散香味的一种草本植物。小时候不知道名字，但幼小的心灵已然被这种植物的脱俗外表和弥久香味所深深陶醉。现在知道它叫柳穿鱼，看见它异常亲切。寓情于物，也许就是我与柳穿鱼之间的家乡情缘所在吧。

左图　小清新柳穿鱼开着黄色的花

右图　长裂苦苣菜开满株头的花朵

蜜蜂正对着长裂苦苣菜跳八字舞，时而飞翔，时而停落，好不热闹

秋天是菊科植物的天下，九月中旬如果远足北京郊区的山野，一定可以看到盛开的无比欢乐的小红菊、山马兰、阿尔泰狗娃花等。在雄安新区这片一马平川的土地上，尽管看不到气质型山花的曼妙，但抓到蜜蜂与长裂苦苣菜花朵之间的你侬我侬的画面也是让人极其满足的。比如，驻足观察一朵小黄花，看着蜜蜂对着它跳八字舞，时而飞翔，时而停落。长裂苦苣菜用它鲜黄色的花朵点缀着初秋。长裂苦苣菜是菊科苦苣菜属一年生草本植物，幼苗嫩芽可以食用，有清热解毒的功效。虽然跟蒲公英同样可以被食用，但长裂苦苣菜植株高大，可达1米。是不是可以考虑在雄安新区的绿化建设中种植一大片的长裂苦苣菜呢？

瞧，连路边的乔木合欢也不放过秋天的舒适，趁机绽放零零散散的几朵花儿；田地中，扁豆粉红色的花儿娇滴滴的；成片雪白雪白的韭菜花儿一眼望不到头，个个顶着大脑袋；弯下腰仔细观察荞麦花，黄色的花药，白色的花瓣，密密麻麻地簇在一起，甚是可爱；草棉黄色的花儿蜷缩着，在大多数草棉已经结出硕大果实的时候，迟到的绽放也许让它"难为情了"吧；水生植物水鳖正值盛花期，嫩绿色心形叶片的映衬下，白色的花朵一个个探出头，笔直地站立在水面上，一身傲骨。春天百花秋天果，选择在秋天绽放花朵，也是植物生存的一种策略。不管是乔木，草本抑或水生植物，初秋的花儿用姹紫嫣红为这片绿色增添了别样的景致，增加了些许的活泼元素。

上图 扁豆粉红色的花儿娇滴滴地盛开着

下图 雪白的韭菜花，一眼望不到头

"标致美人" 荞麦花

上图 草棉难为情地
蜷缩着绽放的花朵

中图 水鳖挺着笔直
的身躯，顶着白色
的花朵，一身傲骨

下图"水中美人"
水鳖

那些果实

雄安新区有一部分土地类型是农田。六天的调查，车飞驰在整个雄安领地，我们有幸领略了北方农作物带来的景观视觉冲击。大面积种植的高粱、甜高粱、水稻、玉米、粟，果实累累，形成一幅亮丽的田园风光图。看着眼前的景观，不禁想起北大俞孔坚老师《回归土地》这本书中关于田的艺术的一个案例：沈阳建筑大学建设之初，用东北稻作为景观素材，设计了一片校园稻田。在四时变化的稻田景观中，分布着一个个读书台——稻香融入书声，多么美好的画面。也许农田景观和城市景观真有很好的结合点呢。

看过电影《红高粱》的朋友一定会对红高粱印象深刻。在城镇化如此快速的现代，想要欣赏电影中的场景，得去山西或者陕西的边远农村吧。万万没想到，在距离北京仅100多公里的雄安新区，就看到了高粱红了的震撼景观。虽然不是农民，无法体会收获的喜悦，但眼前的沉甸甸、圆鼓鼓的高粱果实，看得我们已经痴迷。所谓收获，不仅是物质的所得，内心和精神的满足在此时此刻得到了无限放大。我竟被整整齐齐的高粱感动得有些不能自已：多么神奇

沉甸甸、圆鼓鼓的
高粱果实

的土地啊！春种一粒粟，秋收万颗子。站在田野的一角，思绪已然随着画面飘得很远，很远。

特别神奇的是，我们竟然见到了草棉！是，就是在新疆生产建设兵团才广泛种植的棉花。农民出于怎样的目的才种了这一小片棉花呢？做棉衣？做被褥？在现代物质如此丰富的年代，为什么要自己种棉花呢？这让我愈加好奇。可惜没有看到农民，答案无从知晓。静静地端详着棉花，哇，棉已经溢出了果壳，一丝丝、一缕缕、一团团，白得像雪，轻如鸿毛。我不敢呼吸，怕下一秒棉随呼吸飞奔出去。好想伸出手摘一朵棉花，撕开找寻它的种子。我探索的天性就此释放。

上图 另外一个品种的高粱随风摇摆

下图 棉已经溢出了果壳，一丝丝、一缕缕、一团团，白得像雪，轻如鸿毛

金黄色的水稻；一望无际的玉米；压弯了腰的粟；朝天椒支着红色的身躯望着天空，密密麻麻挤在一起；秋葵的果实毛茸茸的，惹人怜悯；红彤彤的石榴挂满枝头；核桃自然熟到青皮开裂；大枣饱满得撑破了"肚皮"；无花果被主人无微不至地照顾着，挂满果实；最有趣的当属那甜高粱，正当我们口渴至极时，折一根咔嚓咔嚓咬两口，那甘甜，那舒爽，美味极了。让人欣喜的还有枸杞，有的植株在开花，有的植株已经挂满了长圆形的鲜红枸杞。熟透了的枸杞是那么诱人，感觉一碰就会掉下来。

上图 金黄色的水稻

下图 一望无际的玉米

上图 压弯了腰的粟

下图 齐刷刷仰望天空的朝天椒

果实长满绒毛的秋葵

上图 红彤彤的石榴

中图 裂开青皮的核桃

下图 大枣饱满得撑破了"肚皮"

存在即为合理，雄安新区虽然是没有山脉的平原，但在调查的782种植物中，引进植物478种，乡土植物304种。正是因为环境的包容性，使得更多的植物引种至此。栽培植物大大提升了这块土地的植物多样性，给予这块土地更多的景观配置可能性，这也许就是土地的神奇之处。果实沉甸的秋天，这里是一片丰收的景象。通过大面积的踏查，对农田植物的调查，我们相信，在未来雄安新区的建设中，我们走过的每一步，写的每行字，都算数。

不得不说的一种乔木

调查中发现有的乡村在庭院环境中引种栽培楝树，引种的楝树不仅长成了大树，并且能正常开花结实，而楝树本身主产于黄河以南各地，广布亚热带和热带地区。眼前的这棵大楝树，硕果累累，果实肥厚，已然成为主人庇荫趁凉的好帮手。得知我们对这棵树感兴趣，农户很开心地拉着我们多拍些这棵树的照片，端来梯子为我们采集枝条和果实，供我们拍照记录，保存标本，还叫来全家老小在树下合影。当地人就是这么纯朴而热心。尽管大树高达7～8米，我们在农户的帮助下，轻松愉快地采集了标本，拍了楝果实的"大头照"，满足感爆棚。

左页图

上图左 挂满果实的无花果

上图右 被我们咬了一口的甜高粱，甘甜，爽口

下图左 零星的枸杞的花儿

下图右 熟透了的枸杞果实

本页图 楝树主人一家在楝树下的合影

上图左 楝树的青果

上图右 楝树树皮纵裂

下图 楝树的枝条

香椿在雄安新区分布甚多。我想除了香椿的食用价值外，应该充分发掘香椿的造林、观赏、蜜源植物等价值，让其在雄安新区的绿化方面，发挥更重要的作用。

越了解，越深爱。沉甸甸的九月，有花，有果，有树，有我们的足迹。经历过，便深陷其中。草长莺飞，我们的雄安草木之行还在继续。

最后一次来看你

怎么也没想到，2018 年 10 月 13 日，竟是 2018 年最后一次来雄安新区考察。本来计划着走过雄安的春夏秋冬，但北方的干燥，终究是没有让我们等到白洋淀的白雪飘飘。2018 年的整个冬天，干燥而寒冷，想着只要有一场雪，哪怕不怎么大也好。它一定是"随风潜入夜，润物细无声"：当我早晨拉开窗帘的一瞬间，发现整个世界是白色的童话世界。它最好在周五晚上到访，这样在周六一早，我可以一个人开车 100 多公里去白洋淀，慢慢地、随性地欣赏它的冬景之美。然而，一切都是幻想，2018 年的冬天，是一个没有惊喜的冬天。终究，我们对雄安新区的植物调查，在 2018 年的 10 月 13 日画上了句号。

水果丰收了

最好的期许总是留在最后。虽然前前后后来雄安新区十余次了，但对要去核心景点大观园，内心还是充满了期待和欣喜。大观园在白洋淀的淀中心，必须坐船才能到达。我们跟以往一样，租了村民的渔船，一方面可以和村民聊天，另一方面也算为当地村民的收入做贡献。这次找的船夫相当热情，带我们看了他家养的捕鱼鸬鹚（之前已经见过，不想浪费在大观园的时间，匆匆一瞥）。结果上了船却是将近一个小时的摇晃。这条通往大观园的水路其实与岸边街道的路是平行的，我们完全可以开车到距离大观园更近的地方再坐船前往，但船夫希望通过自己的劳动多有一些收入，所以我们也就说服自己，假装在关注岸边的植物。

调好心态，却也发现了岸边秋天植物世界的乐趣。不走这条水路，竟不知村民后院的水果如此丰富。秋天是收获的季节，白洋淀也是各种北方水果无所不能种植的：红彤彤的大石榴，压弯了枝头；枣儿红过了孩子们的小脸蛋，齐刷刷地挤在枝头上，你争我抢，好不热闹；硕大的红柿子，在落了叶子的树上更显繁盛；山楂一串串、一簇簇，非常诱人；也许是靠水比较近，岸边一棵棵并没有修剪的苹果树，枝条长得已经快要掉到水里，树上挂满了红彤彤的小苹果，真想摘一个咬一口；丝瓜又粗又长，兴高采烈地东张西望；亮晶晶的菜葫芦，非常可爱地看着我们。这片风水宝地，只要勤劳，所有北方水果都可以种植，圈一座自己的花果山。

上图 红宝石一样的山楂

中图 岸边一棵棵并没有修剪的苹果树，枝条长得已经快要掉到水里，树上挂满了红彤彤的小苹果

下图 硕大的红柿子，在落了叶子的树上更显繁盛

大观园，真热闹

秋风瑟瑟，秋意渐凉，秋木萋萋……对于秋天，我们固有的观念是秋风扫落叶的凄凉。特别在自然界，这种感觉分外明显。抱着什么都看不到，只是一次自然记录的心态，我们把这次调查留给了白洋淀的核心区域大观园景区。大家每人花了100多元，终于进了心心念念一年的大观园。果然，夏天热闹非凡的大观园空无一人，静至极致。一眼望不到头的荷塘，鲜黄色的荷叶密密麻麻拥簇着；

掉了莲子的莲蓬都已枯黄，有的依旧坚挺着昂着头，有的已经受不了这早晚的凉意，早早地耷拉了脑袋；岸边的洋白蜡渐渐染了颜色，黄绿相间；建筑物上零零散散的五叶地锦红成一团火……只有白色的盛世三面观音雕像保持着固有的气质，依旧傲娇。低下头，仔细看，这里的自然乐趣也不少。

上图 依旧昂着头的莲蓬

中图 黄绿相间的洋白蜡

下图 红如血的五叶地锦
爬满了石头

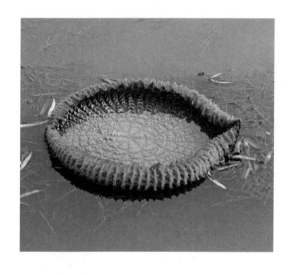

上图 王莲花池

下图 新长出来的王莲叶子，不知是否能够完成它应有的生命周期

　　大观园占地2000余亩，是目前我国种植荷花和水生植物面积最大、品种最多的生态景区。除了中心水域接天的荷花外，大观园有数十个小池子，里面分门别类地种植着不同的荷花品种。十月中旬，大多数荷花和水生植物已经进入生命最后的枯萎期，但气势磅礴依旧。零星的几个池子依旧能见花的芳容，比如王莲的花池，有的叶子边缘已经变黑、变黄；有的刚刚长出来黄绿色的叶子，边缘红色的叶脉很是明显。新长出来的叶子旁边总是伴随着一个花骨朵，不知道能不能坚持到绽放的那一天，也许会因为温度骤降而消亡。

比起不同品种的荷花，我更关注小而可爱的植物，紫萍和槐叶萍就是新发现。见过它们夏天的清新样子，但秋天的紫萍和槐叶萍别有一番风味，完全走的是"高贵"路线。紫萍紫色的叶子铺在水面上，给人无限想象，特别在相机镜头下，那是多么有灵性的精灵；槐叶萍显得更为标致，深深浅浅的绿色，像是在低吟着生命的意义，让人不忍离开。秋天的阳光是温柔的、温暖的，在光线的轻抚下，两种萍交织在一起，诉说着身边的过往。

"参差荇菜，左右流之。窈窕淑女，寤寐求之。"《诗经》中的荇菜，大观园怎么能少得了？荇菜属于浅水性植物。叶片椭圆，形如睡莲，小巧别致，鲜黄色花朵挺出水面，花期 4～10 月，是点缀水生环境的必选植物之一。10 月中旬荇菜已经到了其生命周期的末期，但开花的几株荇菜都处在光线比较好的小生境中。这样的温度，这样的场景，还能看到荇菜的身影，心里很是温暖。在日后雄安新区建设中，如果能利用荇菜的习性，打造一番荇菜景观，也是极好的。

上图 闪闪发光的紫萍

中图 标致极了的槐叶萍

下图 小生境中十月中旬仍在开花的荇菜

大观园门口的水域中，已经分布有大面积的凤眼莲，一片碧绿，密密麻麻。零星的几株正在开花，穗状花序上长着数朵蓝紫色的小花。凤眼莲因为叶柄中空，膨大得像葫芦，又叫"水葫芦"。它可以漂浮在水面，叶直立，根在水里。凤眼莲繁殖能力很强，因繁殖过快，堵塞水道，被列为世界百大外来入侵种之一。白洋淀的水域是雄安新区的核心，在建设过程中一定要看管好凤眼莲，防止其泛滥。

水域是这里的核心，湿生环境中生长的水生植物这里都有分布。慈菇的青果在剑形叶片的衬托下，更有型了；粉美人蕉还在开着粉的、黄色的花

上图 密密麻麻分布的凤眼莲

下图 零星开花的凤眼莲，建设过程中一定要注意防止其过度繁殖蔓延

朵，有一种"谁与我争娇"的霸气和骄傲；栽培植物再力花郁郁葱葱，一片片、一丛丛。秋天真的是菊科植物的天下，即便到了十月中旬，处处仍有菊科植物的灿烂笑容。岸边的旋复花残存着的几株仍在拼命开着黄色的花朵。苦荬菜花开花谢，吸引着蜜蜂来采蜜。鲜黄的菊芋花盘上，一只蜜蜂抱着花蕊左右翻滚，这是多么香甜的蜜源啊！几株碱蓬的花朵随风摇摆，自由、随性。瞧，粉红色的假龙头花一串串、一圈圈，开得很是欢腾。是呀，用心观察，染成黄色的大观园，依旧热闹非凡。

左上图 蜜蜂在菊芋花盘中翻滚，享受香甜的花蜜

右上图 苦荬菜花果同期，花开花谢

左下图 再力花一片片、一丛丛，郁郁葱葱

右下图 粉美人蕉傲娇地开着黄色、粉色的花朵

梦中的紫色精灵——桔梗

可能最让我欢心的莫过于见到正在盛开的桔梗，因为那是对儿时家乡田野的记忆。在关中大平原上，秋天也是一派丰收的场景。田野上零星的几朵紫色的桔梗花，那么纯粹，那么浪漫，让儿时的自己对这种花充满了无限想象。长大了，也许因为那几株桔梗，我对紫色系的花朵很是情有独钟：对鸭跖草、翠雀、北乌头、肋柱花、雨久花等都有着天生的、难以抗拒的喜爱。在北京的十几年，常在山野中走，但很少看到桔梗的花儿。在大观园的一个角落，几朵蓝紫色的铃铛花远远抓住了我的眼球。是什么？是什么？我一定要一探究竟！

果然，是梦中的桔梗。这蓝紫色的"小铃铛"非常标致，五个一模一样的裂片，每个裂片呈三角形。拼命绽放的花朵中，有三五

左图 拼命绽放的桔梗和你争我抢的蜜蜂

右图 桔梗花骨朵紧紧地抱在一起，很有力量

只蜜蜂争抢花蜜，你一口，我一嘴，吃得不亦乐乎。桔梗花骨朵也特别有趣，犹如一个握紧的拳头，非常团结，给人无限力量。

其实，我多少存有私心：多么想在白洋淀的某个岸边，有一片桔梗花海，那象征着永恒的爱的花海。每到秋天，一个人坐在田埂边，回想儿时，遇见那个时候的自己。花市中桔梗已经很普遍了，那么，作为药材的高颜值桔梗，在雄安新区的绿化中，是否也列入其中了呢？至少，在大观园看见桔梗，证明这里具备种植桔梗的条件。多么希望我的梦能够成真。

于你，遇见才是开始

我是一个内心敏感的人。在自然中行走时，我想方设法让自己保持着一颗童心，保持着在外人看来的"矫情"，因为只有这种好奇心和感性认识，才能发现更为美好的大自然。即便这样的我，在造访十余次雄安新区后，"再见"二字怎么也说不出口。走得越多，了解得越多，对这个地方的爱更深。

无论是十几人的调查队分样点排查式的植物调查；还是自己一个人带着孩子漫无目的在这里的乡间小道上溜达，寻找开花植物；抑或跟着同事大伏天行走在白洋淀中，捕捉村民的一举一动；还有误入"千亩秀林"之中的感慨，那么多瞬间历历在目。那些帮我们划船的老人们；那个养着上千只鸭子的大哥和它的鸭子们；那个在桃花林中和我们谈雄安新区建设感受的大哥；那个在地里头也不抬稀疏西瓜花的大姐；那对大雨天帮我开车门拿车钥匙的父子；那个一定要划船带我们去他家地里采甜高粱秆的大爷；那个执意要给我们看她家鸬鹚的船夫；还有每次调查都去住的那个旅馆的美丽的掌柜大姐……

目前，雄安新区的建设正处于规划阶段，除了栽种绿化树种外，基本上所有的工程和建设都处于冻结状态。我想，道路建设、水质

千年大计的雄安建设，将带给我们一个更为美好的雄安

治理、环境整治这样的问题，伴随着雄安新区的建设，一定会有很大程度的改善。在这个关键时期，我们尽自己所能，尽可能多地做自然记录，是想把这里的美原汁原味地记录下来，也能顺带把我们感受到的问题客观地写出来。希望我们记录的所见、所闻、所思，能为雄安新区的建设添砖加瓦。相信我们的政府会建设出一个漂亮、大气、充满灵气的雄安。相信国家的千年大计，可以放大我们在这里遇见的所有美好。

遇见你，我们的故事才刚刚开始。一年时间，多次相遇，所有的遗憾，是日后再来的理由。期待邂逅那个更好、更为饱满的你。

第二部分

草木情

一草一木总关情。那些让我们驻足凝视，与我们进行思想交流的植物们，毕竟是钻进了心里去的。

香椿的诱惑

如果要在雄安选择一种最有情怀的树，那一定是香椿。虽然香椿是一个不矫情的"汉子"，大江南北均有种植，但雄安的香椿长得尤其得好。原因在于它喜光、耐湿，适宜生长于河边、宅院周围肥沃湿润的土壤中，一般以砂壤土为好。这样的生境偏好，像是给雄安量身定做的树种。香椿生长快，繁殖快，耐活，既可以作为绿化树种，又可以作为蔬菜资源。这样的优质乔木，我们是不是应该在雄安新区好好栽培利用？

香椿，楝科的乔木，因为其嫩芽、茎、叶气味浓郁，可以食用，肥美的香椿芽　且营养丰富，具有药用价值，所以又被称作香椿芽、椿芽等。香椿

芽属于蔬菜中的上品，采用凉拌、干制等不同方式，可以调制出香气四溢的美味菜肴，深受人们青睐。每年四五月份，无论是郊游吃农家饭，还是自己家的餐桌上，大江南北的国人一定要吃几次香椿炒鸡蛋的，这已经成为人们拥抱春天的一种方式。香椿这样受欢迎，一方面因为香椿的美味，另一方面因为香椿在生长期很少遭遇病虫害，所以它属于绿色、纯天然、无公害的蔬菜。随着人们生活水平的提高，越来越多的人追求香椿这样的无公害的蔬菜。

在雄安新区的调查中，香椿树无处不在：村庄院落、农田边上、乡间小道甚至白洋淀边，有人的地方，就有香椿树的身影。可能人们起初栽种香椿的目的，是为了春天那几口鲜美的香椿芽，但"无心插柳柳成荫"：调查中的很多香椿树

上图 香椿的花

下图 香椿的花蕴藏了多少秘密

已经是 6 ～ 7 米的大树，能够遮阳避雨了。春芽、夏花、秋果、冬枝，相信香椿能够在雄安新区的"千年秀林"中撑起一片属于自己的天地。

香椿的诱惑，不仅是舌尖上的诱惑，更是景观的期待，绿色的许诺，以及对雄安这片土地的依赖。一切，都是相互成就。那么，雄安的绿化树种中，会有香椿吗？

多产的香椿果实

万绿丛中那抹黄——栾树

　　盛夏的北方城市，沉浸在绿色的海洋中。春天，百花争艳，万紫千红；秋天，层林尽染，果实累累；冬天，白雪皑皑，蜡梅飘香。唯有夏天可能热过了头，我们印象中除了"知了、知了"的长鸣外，似乎就是街道楼宇间，高大树木营造的满眼绿色。而往往令人眼前一亮的，一定是万绿丛中那抹黄——夏季栾树的黄色花序。如果要给雄安新区的"千年秀林"选择一种秀美、独特、有意思的乔木，除了能食用的香椿外，没有哪种乔木比栾树更合适的了。它躯干通直，树冠开阔，不管从树形还是花果特征来看，都有其独特的美感。

左图 栾树芽，唯美

中图 万绿丛中一片黄，全城为你写赞歌

右图 圆锥形的花序，每一朵都诠释了清新脱俗

栾树，无患子科落叶乔木，喜光，耐寒、耐干旱、耐贫薄，对环境的适应性强。特别是栾树具有深根性，萌蘖力强，有较强抗烟尘能力。近两年，在北京的行道树中，栾树越来越多，这应该取决于苗木市场比较成熟的栽培技术和管理方法。

大多数植物的花期在春天，栾树因为发芽较晚，花期在 6～8 月，正值盛夏。由于栾树的花期较长，有花果同期的现象。栾树圆锥形花序，金黄色的小花，在绿叶的陪衬下，显得格外清新脱俗，雅致耐看，是很好的观赏乔木。比起其繁茂的花朵，栾树的结实率并不高。栾树的果期为 9～10 月，蒴果圆锥形，有明显的 3 棱；果瓣呈卵形，外面有网纹，像一个个小灯笼。打开果实的网纹，里面蜷缩着圆球形的种子，非常可爱。

随着城市绿化的发展，栾树在我国很多城市已经有了很好的栽培经验。在雄安新区的建设中，栾树可以作为乔木的明星物种之一，与别的树木搭配栽种，带给新雄安一抹清新和活力！

上图 栾树小灯笼一样的果实及种子

中图 栾树的果实里面长这样

下图 成熟的栾树种子

湿地木本植物——柽柳

　　雄安新区的核心是白洋淀，因此在绿化布景的过程中，一定要考虑水域和陆地过渡地带的绿化问题。柽柳便是这种过渡地带的最佳选择物种之一。柽柳属于落叶灌木，2～5米高；枝条细长，有韧性，为紫红色或者淡棕色；花期从春天延续到秋天，每年可以开2～3次花。最关键的是柽柳非常喜欢盐碱地、河岸和湖边，是非常典型的盐生植物。

　　柽柳适应性极强，广泛分布于各地。我们在调查中发现，柽柳和甘蒙柽柳均在雄安新区有分布，是本地的乡土植物。花美丽，点缀于河滩，可作为观赏植物栽培；同时可以改良盐碱地裸露或仅有

"千年秀林"中种植的柽柳

左上图 高挑的柽柳，昂首挺胸地站立在河滩的一角

右上图 柽柳的果实，别有一番艳丽

下图 柽柳粉红色的小花，非常可爱

草本植物的现状；还能充分发挥柽柳柔软枝条的优势，用枝条编筐子、花篮等，坚实耐用；柽柳的嫩枝叶是中药材，可用于治疗感冒、咳嗽等症状。

柽柳的栽培技术已经较为成熟，通过扦插、播种、压条、分株等方法繁殖，它已经成功应用在我国各地的造林绿化工程中。这些技术、资源让我相信未来的雄安一定有柽柳带给我们的感动。

美丽、高挑、全身是宝的柽柳，若能在雄安的绿化中巧妙地用起来，会形成怎样别致而令人期待的河滩景观呢？

生态修复的首选灌木——兴安胡枝子

　　我的胡枝子情缘起于北京密云的黄家山。黄家山是我从大二就开始跟踪调查的一座山——砂石，荒芜，漫山的荆条、酸枣。留日博士郑柏岩试图用乡土植物对黄家山做生态修复，选的第一批植物中就有不同种类的胡枝子。因为胡枝子耐干旱、能够改良土壤；耐活，绿期长，在黄家山的生态修复中发挥了很大作用。我深深记住

兴安胡枝子的花儿

了这些相貌平平但坚强刚毅的灌木。

在对雄安新区的调查中，我们发现了兴安胡枝子。兴安胡枝子又叫达乌里胡枝子，是豆科胡枝子属多年生的半灌木，或者叫草本状半灌木植物，在我国北方分布很广。兴安胡枝子生物量大；固氮能力强，对土壤生物氮含量及土壤结构改进有益；嫩枝和叶适口性好，粗蛋白和粗脂肪含量高，家畜喜食，是优质的牧草植物；它返青早，枯黄晚，绿期长，是良好的园林绿化树种。

如此多功能的兴安胡枝子，怎么能够错过它？在为这片"千年秀林"选择乡土灌木时，我毫不犹豫地把目光聚焦在兴安胡枝子身上，不仅是因为它有着耐旱、耐活、绿期长等生物学特性，更多的是被它的品质所感动：低调、默默绽放、尽心尽力地绿化土地。相信兴安胡枝子会给雄安一份惊喜！

上图 兴安胡枝子的果序

下图 兴安胡枝子上的虫瘿

坚强的绽放——匙荠

比起乔木和灌木，本地的草本植物更有特色和代表性。匙荠就是让人看一眼就痴迷上的草本植物。两年前为了拍摄匙荠花海，我专门去了天津郊区的一个苗圃。那是我第一次看匙荠：干燥甚至有些贫瘠的土地上，密密麻麻地长着盛花期的匙荠，洁白、高贵，挺胸抬头。那一片匙荠花海，是走进我内心深处的。

没有调查雄安之前，内心飘过这样的预感：雄安新区也许会有匙荠的分布吧，那是繁殖力很强的一种野草啊，又特别能够在干旱贫瘠的荒地上生长，而雄安的村庄旁、荒地上的生境和曾经天津郊区的荒地生境又是那么相似。我想，一定能够遇到我的"女神。"果真，我们遇到了。

本页图 匙荠花海

右页上 匙荠纯白色的花瓣，在黄色花药的衬托下，清新脱俗

右页中 匙荠基生叶

右页下 匙荠青果

只因那一眼的遇见，便想让你尽情地绽放在这片土地的各个角落。你与这片土地是那么的亲近与自然，相互成就，相互扶持。匙荠，十字花科匙荠属二年生草本，分布于我国东北、华北等地。它高达 60 厘米。花白色，短角果，种子黄褐色、圆形。短短两行字的生物学特征，却有很多值得我们挖掘的部分。花多，繁殖力强，对环境的适应性强，是河北的乡土物种，能够自行形成匙荠花海……

是的，我在给雄安新区寻找属于它的绿化植物。随着我国经济的发展，园林花卉研究和应用的机构和从业者也在不断增加，但我们似乎更多地引入了国外成熟的花卉，而对于本地乡土植物造景、绿化的探索相对较少。乔木、灌木的生长周期长，那我们就从草本植物开始实验吧。看过匙荠花海的人们，一定会驻足难忘，那不仅是一片繁盛的花海，更是乡土植物带给我们的惊喜与惊艳。

许我一缕阳光，还你无限灿烂——砂引草

我们是在一片荒芜的废墟邂逅砂引草的。紫草科的植物应该都是浪漫的象征，标致的花儿，柔情的微笑，笔直的植株高昂着头。而在这样脏兮兮、废旧船只堆积的地方，我是很不愿意俯下身来给已经要谢去的砂引草拍照的。但我还是非常庆幸自己遇到了砂引草。

植物就是这样，不管你喜欢与否，为了生存，它们会克服一切困难，在任何能够有存活希望的地方拼命发芽，哪怕这片土地异常贫瘠。砂引草是多年生的草本植物，植株只有 10 ～ 30 厘米高，但黄白色钟形花冠大而显眼，香气浓郁。砂引草生长在砂地、干旱荒漠及山坡、村庄道旁，环境相对恶劣，但一般都是丛生，能够很好地美化环境，是不错的固沙植物。

花开荒野的砂引草

又耐看又好闻的砂引草已经引起学者的关注。有研究发现，砂引草不仅具有固沙保滩、护岸防风、土壤改良、植被恢复与园林绿化作用，而且还可以作为药材、饲料、蜜源植物和绿肥等资源进行开发利用。在雄安新区的建设中，我们更关注砂引草作为乡土植物是否可以支持雄安新区的城市绿化。

砂引草成年植株的根系为根蘖型，具备根的功能和繁殖能力，主根粗壮且均匀。垂直向下可深入土中70～100厘米，在生境旱化时入土更深。水平根（即侧根）质地坚硬，近水平走向，伸展长达1～2米。这就是为什么砂引草在野外会成片生长的原因。砂引草的这种特性决定了它对环境较强的适应性和惊人的繁殖能力。

我们期待在雄安新区的建设中发挥乡土物种的色彩，砂引草应该首当其冲发挥其功能。不论是与其他园林植物搭配使用，提高景观多样性，还是从应用功能上出发，砂引草都值得我们广泛宣传，进而引起更多部门、更多人的重视。因为砂引草只要有阳光，有土壤，就会灿烂地绽放。

上图 砂引草的青果

下图 乡土物种，"气质美女"砂引草

浪漫的化身——二色补血草

小时候在陕西老家的田埂上，初夏麦穗沉甸甸时，总会发现漏斗状黄白相间的小花，采摘一把，插在花瓶中，放在家里的窗台上，可以盛开很久很久，对着它说话、发呆、唱歌……三十年后，也是初夏，带着女儿，在雄安新区的荒滩上，女儿也采摘了一把这样的黄白相间的小花。经过夏雨冲洗的小花异常干净、清新。这是二色补血草给我跟女儿的美好回忆。时光流转，而心底的植物故事一直继续。

常走在自然中，我们尊重每个生命，敬畏自然中的一切。但因为个人喜好，总有偏爱。也许因为小时候的经历，对二色补血草我有着很厚重的情感。当儿时的记忆又一次出现在自己镜头中时，我便动了心：雄安新区是有二色补血草的，为什么不能大面积种植呢？本地物种，又能在荒滩之地清新脱俗地尽情绽放，怎么可能不给我们惊喜？

上图 二色补血草的基生叶，虽然植株不起眼，但能盛开出美丽的花朵

下图 人见人爱的二色补血草开花了

142

于是我查阅了文献，因为需要让更多人认识二色补血草。它是多年生草本植物，叶基生，莲座状；聚伞圆锥花序，花萼漏斗形，干膜质，白带黄色，花后宿存，花冠黄色，花期长而不凋，可作干花观赏；生于盐碱化的山坡、草地、沙丘边缘；全草入药……这么耐看的植物，又能在盐碱化的山坡生长，简直就是给雄安新区量身定做的草本花卉啊！

就栽培技术而言，已经有不少人看到二色补血草的市场潜力和应用前景，学者、园艺家尝试用大田种植、室内育苗、无土栽培、根蘖繁殖等不同方法大量繁殖二色补血草。我们往往缺乏的不是方法，不是技术，而是开发推广一种乡土植物的信念和勇气。二色补血草可以温柔地彰显雄安新区的唯美和灵动吗？雄安的美化，应该有你的身影。

上图 可湿可干，美丽永驻的二色补血草

下图 二色补血草生境

一切唯美，只为你驻足——乳苣

上图 浪漫的化身——乳苣

下图 蒙蒙细雨中，乳苣更显高贵

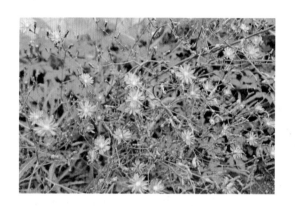

看到乳苣，烦躁的内心瞬间安静下来。那是在夏日的午后，一户农舍的门前，如果车子稍微开得快一点，如果悠悠不嚷着看豆角，如果林博士没看见那株比可可高出好几头的蓣菜，叫着停车去拍蓣菜……如果没有这些如果，也许我就与乳苣完美地失之交臂了。这是我第一次见到乳苣，天生对蓝紫色毫无抵抗力的我，一看到那蓝紫色的花儿就爱不释手。

雄安新区有好几百种草本植物，为什么会强烈推荐乳苣呢？一定不仅是因为它唯美的花朵。乳苣，菊

科乳苣属多年生草本植物，高 15～60 厘米，根垂直直伸。舌状小花紫色或紫蓝色，管部有白色短柔毛。花果期 6～9 月。生长于河滩、湖边、草甸、田边、固定沙丘或砾石地。从乳苣的生物学特性可以看出，菊科植物结实率高，通过风传播种子，繁殖力非常强，能够快速适应环境，特别是河滩、田边。

在雄安新区秋季调查中，我们在田埂边见到了大面积头顶白毛的乳苣。那是自然的场景，毫无人为设计，但场面宏大，令人震撼。当我们费尽心思地设计走入人们内心的景观时，大自然往往是我们的老师。我想这片乳苣已经告诉我们：快来发现我呀，快来发现我呀，我生命力顽强，花又美丽，是不是可以为雄安新区的美好、精致增砖添瓦呢？

上图 给我阳光，就能灿烂；给我土壤，就能生长。乡土物种乳苣在这片土地上尽情成长

下图 乳苣花瓣飞扬在这片土地的每个角落

栝楼的生命力

从没有在一个地方见过这么密集分布的栝楼，这是栝楼的天堂。如果北方有一片裸露的坡地，实在不知道该种点什么的时候，栝楼可以让它爬满绿叶，硕果累累。我想，这一定能够实现。

栝楼，葫芦科栝楼属，多年生攀缘草本，长可达10米。根状茎肥厚，圆柱状，外皮黄色。雌雄异株。雄花数朵总状花序，少有单生，花冠裂片倒卵形；雌花

上图 栝楼带着流苏的花儿

下图 栝楼的果实足足有拳头那么大

单生，子房卵形，果实近球形，熟时橙红色。花果期7～11月。生于山坡林下、灌丛中、草地和村旁田边。栝楼具有药用价值，在很多地方作为药用植物栽培，但园林绿化上用得较少。栝楼已经有比较成熟的栽培技术和方法，仅在等待园艺学家们投来欣赏的目光。

藤蔓植物在景观中巧妙地应用起来，可以增加更多闪光点。栝楼深裂成流苏状的白色花儿，贴着地面爬行生长的10米长的身躯，硕大的果实……它有太多特性值得深挖，并广泛应用起来。给栝楼一片坡地，它定会还你生命的精彩。"千年秀林"的一角，也许会有栝楼的身影。

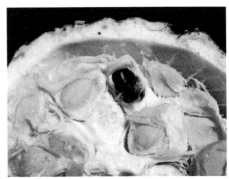

上图 栝楼的庞大根系，支撑着地面六七平方米的植株

下图 栝楼的果实内部和种子

值得探究的盒子草

从第一次坐上船在白洋淀中飘荡，在浸在水中的芦苇岔中，就观察到了充满朝气的盒子草幼苗，嫩绿嫩绿的。当林博士说这是盒子草的幼苗时，我并未走心，只是常规性地记录下来。十多次的调查中总是会看到这种藤蔓植物，纤细的身躯，缠绕在芦苇或别的长在它身边的植物身上，没有丝毫能引起人兴趣的点。

直到秋天的调查中，我看到了一个个类似盒子的果实挂在这种娇小的藤蔓植物身上。"啊，对，这应该是盒子草。"我大叫起来。看到果实了才想起春天那丛幼苗的温柔。"是啊，盒子草，盒子草，你瞧，果实就是一个小盒子嘛，对，就是它。"我一个人嘟囔着。

左图 顽强的盒子草，为了生根发芽，要突破坚硬种壳的束缚

右图 缠绕在芦苇上拼命向上生长的盒子草，积极向上，阳光坚强

盒子草，也称合子草，葫芦科盒子草属的一年生柔弱草本植物。花相貌平平，果实绿色、卵形。神奇的是，盒子草果实中间有一道缝合线，把果实分成上下两部分，像是一个百宝盒。待到果实成熟，种子脱落时，"百宝盒"就会自动打开，两颗黑褐色的种子就会跟着盒子的一半一起坠落。如此精致的结构，不禁让人感叹自然的神奇。

上图 盒子草的花儿
下图 盒子草的果实

雄安新区的核心是白洋淀水域，盒子草喜欢生长在水边草丛中，调查中曾多次见到，可见这片水域是盒子草的乐土。秋季带可可一起在白洋淀景区调查时，可可站在一个缠满盒子草的芦苇旁边，一个接一个地捏开"盒子"，帮它传播种子。这样较弱的小植物，竟给儿童带来无穷乐趣。林博士用新买的相机镜头，对着盒子草的种子拍了又拍，感叹盒子草种子表面不规则的纹路，好似潜藏着数不清的秘密。这对父女已经深深痴迷上了盒子草。

既然长了这么多，那么，就让它在雄安新区的水域边尽情绽放吧！也许有一天，你也会在小船上晃晃悠悠时，被那一瞥的相遇而感动！

第三部分

给你，我的

我有多爱你，就有多念你。一年
的行走匆忙结束，但对你牵肠挂
肚，给你我的全部。

认识雄安的"稀有"植物

物以稀为贵，这里的"稀有"指的是雄安新区的新纪录植物、重点保护植物和极小种群植物。原本想着这片平原应该都是些司空见惯的植物。但雄安新区终究还是给了我们惊喜：3 种中国新纪录植物；4 种河北新纪录植物；2 种野生的国家重点保护植物（也是河北重点保护植物）；3 种栽培的国家重点保护植物；15 种野生的河北重点保护野生植物；9 种栽培的河北重点野生植物；8 种极小种群植物。

新纪录植物

新纪录种大多属于外来物种，因为人为因素被带到本地。新纪录植物分为两类：中国新纪录植物和河北新纪录植物。中国新纪录植物包括：

（1）纤枝稷。外来种，华北其他地区也有。

（2）白毛马鞭草。外来种，但有归化趋势。

白毛马鞭草

（3）多苞狼杷草。外来入侵种，此前被错误鉴定为大狼把草。

河北新纪录植物包括一种苋科植物，三种水生植物。

（1）假刺苋。外来种，刚报道在广东地区归化。

（2）弯果茨藻。本土种，分布于我国南部地区。

（3）无根萍。本土种，《河北植物志》《中国植物志》*Flora of China* 均未提及该种在河北有分布。

（4）鳞根萍。本土种，仅 *Flora of China* 有提及，无具体分布地点。

上图 纤枝稷果实

下图 纤枝稷茎特写

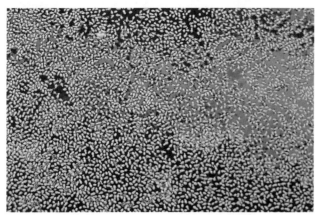

上图 弯果茨藻

中图 无根萍

下图 鳞根萍

重点保护植物

野大豆和细果野菱属于野生的国家重点保护植物，同时也是河北重点保护植物。野大豆在我国北方分布很广，目前尚无濒危灭绝的危险。细果野菱在雄安新区野生的种群数量并不多，种群需要采取措施保护。栽培植物中，苏铁、银杏、榉树属于国家重点保护物种，目前这几种栽培植物长势良好。

野生的植物中，二色补血草、雨久花、浮叶眼子菜、眼子菜、弯距狸藻、半夏、荇菜、宽叶香蒲、黑三棱、萍蓬草、芡实、睡莲、茶菱等属于河北重点保护植物。其中，二色补血草和雨久花种群数量并不多；宽叶香蒲、黑三棱、茶菱仅资料记载有分布，在调查中并未实地发现；萍蓬草、芡实、睡莲野生状态的比较少见，调查到栽培个体。水域是雄安新区的核心，从河北重点保护植物的名单也可以看出来，很多重点保护植物是水生植物。保护好这颗"水上明珠"，才能保护好这些重点物种。

黑三棱果序

栽培的白杆、青杆、油松、楸、连翘、玫瑰、芍药、射干、莲也属于河北重点保护物种。我们应该让更多人知道这些保护物种的名字，认识它们，这样才能更好地保护它们。

茶菱

浮叶眼子菜

眼子菜

宽叶香蒲

芡实

萍蓬草

雨久花

睡莲

荇菜

野大豆

细果野菱

白杆

楸树

射干

油松

芍药

莲

连翘

青杆

极小种群植物

在雄安新区调查到 8 种极小种群植物。石龙尾，仅 1979 年采到标本，实地调查未发现，可能灭绝。睡菜，《白洋淀高等植物彩色图鉴》记载见于白洋淀留通村淀内，实地调查未发现。品藻、剑苞水葱、华黄芪、东亚市藜、柳穿鱼、青蒿等调查中仅发现一个居群。可见，雄安新区有不少物种迫切需要加强保护，我们应创造适合它们生存的环境，以恢复、扩大其居群和个体数量。

保护和建设同样重要，在国家大计面前，这二十几种的保护植物也需要我们重点关注。无论是野生还是栽培植物，它们都需要我们万般呵护。

品萍

乡土植物很动人

野地、田野、乡野、野外……似乎带着"野"字的地方都有着万般魅力，充满着无限可能，野生乡土植物也一样。看惯了野生植物的气质，或自由，或坚强，或懒散，或随性，总之就是那么恰到好处地生长着，你会情不自禁地感动：对着一株小草发呆，对着一朵小花歌唱，对着一颗果实倾诉。所以，尽管调查的700多种植物中仅有304种野生乡土植物，我还是很想为乡土植物写点什么。

乡土植物又称本土植物，指的是某种植物在某区域长期生长过程中，通过自然选择和进化，相比其他种类植物在该区域具有更强的适应能力。这类植物在生存与发展中受当地气候条件、地形地貌、人文资源、人类活动、水文条件影响，属于以自然因素为基础，辅以特定人文因素的自然植物。乡土植物是植物与自然之间长期适应的结果。

乡土植物有6个明显的生物学特性。（1）适应性：植物在本区域世代生长，稳定繁殖，非常适应该区域的环境。（2）抗逆性：长期适应的结果，使得自身在自然灾害中，具有更强的存活力。（3）观赏性：常见于乡土植物，能够形成大面积的景观，更具乡间野趣，耐看。（4）珍贵性：往往乡土植物会在建设工程中被忽略，随着环境的变化减少，有的甚至成为濒危物种。（5）经济性：乡土植物的药用价值、食用价值等可以被广泛开发，转化成本地的特色经济产业，提高其经济性。（6）多样性：乡土植物在区域内游刃有余地生活着，彼此相互适应，比起人为干预的区域，相对"野"的地方乡土植物的多样性更高。

六大生物学特性决定了乡土植物倔强而耐看的个性。小马泡群落，存在于雄安的各处荒地，繁殖迅速。总是被它圆球形的绿色果实所吸引，轻轻咬一口，苦得直揢嘴巴。它的生命力怎么那么旺盛呢？

乳苣，看不够的乡土植物。蓝紫色的花，诠释了女生对于浪漫的一切想象；果序毫不掩饰的数不尽的白毛，表达着对生命延续的所有热情。这样的乡土植物，怎么都是爱不够，看不腻。

栝楼刷新了我们对乡土植物认知的新高度。那一片片深绿的植株，蔓延十几米的根茎，有力地探索着前进的方向，在雄安这片土地上开拓新领地，不由得让人惊叹：长得这么好，确定没有人来管理吗？

鹅绒藤随处可见，一丛丛、一簇簇，白色的花踏着风的音符在"跳舞"；长满倒钩刺的葎草长疯了，四处蔓延，有一种制止不了的架势；猪毛菜毫不示弱，各处沙地均有分布，连农田四周也不放过；

刺酸模的果实

鹅绒藤

地肤成片地生长着，竭尽全力地扩张自己的领地范围；藜，密密麻麻的矮小植株，随处可见，形成单一优势群落；茵陈蒿也是这里不得不关注的乡土植物，在干旱荒地中分布很广，形成大片单一群落。乡土植物在用实际行动告诉人们：环境与植物之间相互适应了彼此，就会有一加一大于二的美化效应。

为什么近年来在园林绿化、城市景观设计、水土保持项目、公园规划等领域，对乡土植物的支持声越来越大？重要原因之一是，相较于外表华丽的非乡土观赏性植物，乡土植物的适应性更强，并且种植培育的成本更低，具有突出的经济性及生态适应性，所以在城市园林景观建设中选择乡土植物意义显著，有广阔的市场潜力。

每天开车经西五环从香泉环岛驶往香山到植物所，不知哪一天，香泉环岛的绿化植物竟悄悄地换成了木香薷。半人高，淡紫色的花儿，全株散发着淡淡香气。乡土植物的园林绿化功能，越来越被人们重视。也许，雄安新区的乡土植物们，借助它们得天独厚的环境适应优势和高颜值，在雄安新区的城市化进程中，有着不可替代的美化作用。

灵动的湿地植物

  雄安新区位于太行山东麓、冀中平原中部、南拒马河下游南岸，在大清河水系冲积扇上，属太行山麓平原向冲积平原的过渡带。白洋淀是雄安新区的核心，而湿地植物是白洋淀植被最大的特色。持续一年的调查结果显示，雄安新区共有 87 种湿地植物，其中 55 种为实地调查发现，32 种为前人调查记录或标本记载。数十种的湿地植物以其特有的姿态，诠释着雄安的静与美，它们默默存在，随性绽放，不争不抢，柔和地包容着周围的一切。忘不了第一次坐船到白洋淀的兴奋与激动；最后一次在船上的沉着与思考，在与雄安亲密接触的这一年，白洋淀的湿地植物给了我启迪和力量。

  水是生命之源，湿地植物作为生态系统中的生产者，有着惊人的包容性和柔性。湿地植物的生态作用不可估量：为水鸟、昆虫和其他野生动物提供食物和栖息地；净化水体；美化水景；维持水域的生物多样性。古往今来，数不胜数的文学作品借助湿地植物升华主题。"关关雎鸠，在河之洲。窈窕淑女，君子好逑。参差荇菜，左右流之。窈窕淑女，寤寐求之。"在中国古代第一部诗歌总集《诗经》中，湿地植物被多次提到。这些湿地植物常常与农事、爱情、政治、祭祀结合在一起，使比兴手法在诗歌中更好地被运用和发挥。湿地植物，升华了人们对美好的各种想象。

  白洋淀有着丰富的湿地植物，分布在各个水淀、河流、沟渠、池塘和水田。从植被类型上看，大体分为：挺水植物、浮水植物、沉水植物和沼生 - 湿生植物四种类型。这里的湿地植物具有以下几个特点：群落类型相对丰富多样；群落的空间结构比较简单；种类组成单一，主要以草本类型为主，很少有木本植物；对水的依赖性很强，结构脆弱不稳定，容易发生变化；容易受到外界干扰影响，外来植物容易入侵。

尽管脆弱、单一、易受干扰，但雄安新区的湿地植物带给了这片区域活力与灵性。芦苇群落是当地面积最大，也是最重要的湿地植被类型。其次，莲群落也占有一定面积，并且开花时极具特色。此外，雄安新区还有其他各类湿地植物群落类型，但相对而言面积均很小。

亭亭玉立的挺水植物

挺水植物，顾名思义即植物的根或地下茎生长在水的底泥之中，茎、叶挺出水面。挺水植物常分布于 0 ～ 1.5 米的浅水处，通常有发达的通气组织及地下根茎或块根。芦苇、莲、香蒲、茭白、水稻、扁秆荆三棱、水葱均属于挺水植物。

芦苇是白洋淀中最重要的湿地植物之一，能适应不同的水深。从早春刚钻出地面的芦芽，到冬天白茫茫一片的芦苇果序，芦苇总是挺着笔直的腰杆，为人们提供藏身之处。四季轮回，从绿到灰，唯一不变的是它的挺拔和坚强。如果你的小船驶入夏天郁郁葱葱的芦苇荡，那弯弯曲曲、左转右转

的变化，定会让你着迷。它用高大的身躯环抱着你的小船，任你在它的怀抱里徜徉，带给你一份清凉、安宁。白洋淀的人们对芦苇更是情有独钟，淀里就是芦苇的天堂。

　　莲是白洋淀另一个典型的挺水型湿地植物群落，大多属于人工栽培。人们一般看到的只是水面上"出淤泥而不染"的清新脱俗，而不知道莲一般都是被栽种在一个个盆里，水深一般不超过 2 米，水上高度一般在 0 ~ 1.5 米左右。白洋淀的莲为远道而来的人们提供了多姿多彩的视觉享受。

芦苇

上图 茭白

中图 扁秆荆三棱

下图 水葱

茭白在白洋淀湿地中仅发现有小面积分布，或与芦苇群落混生。野生的茭白群落种类组成单一，少有伴生物种，能正常抽穗。花期时群落高度可达2～3米。群落初夏时呈浅绿色，夏末呈暗绿色，秋后则很快枯黄。第一次到白洋淀中，看到一丛丛黄绿色的茭白，感受到了无限生机。

白洋淀周边也有一定面积的水稻栽培。水稻随四季变化显著，春末夏初之际为嫩绿色，夏时为暗绿色。稻谷未熟时为黄绿色，稻谷成熟后则转为金黄色，象征着丰收。

扁秆荆三棱常生于受人为因素对环境的干扰后不久的池塘、湖泊、溪流等湿地边缘，面积不大。扁秆荆三棱的高度一般在0.5～1米，其外貌呈亮绿色，花期时上端呈黄色。扁秆蔗草群落虽然形成迅速，但群落较不稳定，容易为其他类型的植物群落所代替；如水分充足，则可能被香蒲、芦苇等植物群落代替；如水分缺失，则容易被杂草类植物所代替。此外，白洋淀湿地周边还有稀有的剑苞水葱群落，与扁秆荆三棱较为类似，面积极小，应该加以保护。

水葱为典型的挺水型植物，可适应一定的水深，目前分布不多。水葱高度一般为 1 ～ 3 米，外貌呈灰绿色。

你侬我侬的浮水植物

浮水植物是指植株悬浮于水面上的植物，又称漂浮植物。它的根极度退化，无法固定在水下泥土中，有的甚至根本无根。体内气体较多，使叶片能够随水漂浮。这一类植物有满江红、槐叶萍、浮萍、紫萍、水鳖等。

满江红，主要分布于静水的池塘或湖泊的边缘。满江红繁殖迅速，常盖满水面，使得水面在夏季呈现一片绿色，秋后转为一片红色，季相变化显著。

槐叶萍，主要分布于池塘、溪流静水处或水淀的边缘，面积较小，并常以其他漂浮植物混生。

浮萍，在白洋淀各淀区的开阔水面上广为分布。浮萍可生于静水水面，也常随水流运动而传播，繁殖迅速，常形成大片的漂浮植物群落。

紫萍，非常类似浮萍群落，也在白洋淀各淀区的开阔水面上广为分布，并常与浮萍属植物、槐叶萍、芜萍等植物混生。

荇菜，主要分布于静水池塘中，溪流、湖泊中也有一定面积存在。荇菜群落外貌整齐，花期时金黄一片，蔚为

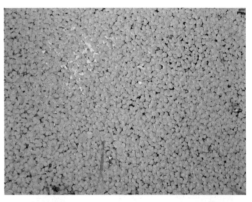

上图 满江红

中图 紫萍

下图 荇菜

171

壮观。

　　细果野菱、欧菱，主要分布于白洋淀内，是菱属的两种常见植物。细果野菱为野生，欧菱为人工栽培。菱属群落结构常较单一，外貌整齐，也可与苦菜等其他漂浮植物混生。

　　水鳖，主要分布于白洋淀内芦苇群落和莲群落的边缘，有时也形成单一优势群落，群落面积较大。水鳖群落亦常混生有浮萍、紫萍等小型漂浮植物。

　　睡莲属植物，据记载白洋淀曾分布有睡莲，但实地调查没有发现。目前仅有人工栽培的白睡莲、红睡莲或其他睡莲品种形成的群落类群，面积相对较小。

本页图 水鳖

右页上 苦草

右页中 金鱼藻

右页下 小茨藻

沉水植物种类多

沉水植物是指那些整个植株都生活于水中，并只在花期将花及少部分茎叶伸出水面的水生植物。这类植物的叶子大多为带状或丝状，如苦草、金鱼藻、狐尾藻、黑藻等。

苦草，主要分布于白洋淀内，数量不多，并与苔菜、弯距狸藻等植物混生。

弯距狸藻，华北地区唯一的一种食虫植物群落，目前在白洋淀内尚有一定面积。群落外貌较为零乱，常混生大量藻类以及苔藓类的植物，花期时黄色花朵伸出水面。

黑藻，广泛分布于各处湿地。黑藻繁殖迅速，常形成单一物种群落。群落外貌整齐，在秋季开花后逐渐凋亡。

穗状狐尾藻，主要分布于白洋淀内，常混生眼子菜属植物、金鱼藻、黑藻等沉水植物。群落外貌变化显著，可由绿色转为红色，花期时花序伸出水面。

眼子菜属，广泛分布于各地的池塘、水淀以及沟渠湿地中，是湿地中重要的湿地植物群落类型之一，常由眼子菜属的一种或数种植物组成。单一群落有菹草群落、篦齿眼子菜群落、马来眼

上图 穗状狐尾藻

下图 盒子草花

子菜群落等。由于眼子菜属植物繁殖较快，常可迅速占满整个水体，形成大小不一的群落。群落中还常混生有黑藻、金鱼藻、大茨藻、小茨藻、穗状狐尾藻、角果藻等沉水植物种类。

沼生 - 湿生植物群落

沼生 - 湿生植物是指生长在沼泽浅水中的植物。处于水陆交替的边缘地带，种类繁多，正是边缘效应的最好体现。

盒子草，常见于白洋淀湿地周边，常攀附于其他湿地植物上成片

生长。盒子草秋后大量开花，整个群落外貌呈黄白色。

　　酸模叶蓼，常见于白洋淀湿地周边，可形成大面积单一优势群落。群落结构常较单一，且不稳定，容易为其他植物类群所代替。

　　野大豆，少量见于白洋淀湿地周边，常伏地或缠绕其他植物生长，一般在晚夏以后长势最好。群落外貌呈现一片暗绿，入秋后开始开粉红色小花，晚秋后叶子开始枯黄，同时果实也逐渐成熟。

　　地笋，偶见于白洋淀湿地周边，群落结构简单，较少变化。

大刺儿菜

大刺儿菜，偶见于白洋淀湿地周边，可形成小片单一群落，有时仅零星分布。

碱蓬，主要分布于白洋淀东南部湿地周边，为典型的盐碱地植物群落。

罗布麻，分布于白洋淀湿地周边，形成零星的小片分布，数量不多。罗布麻群落开淡红色花，为良好的蜜源植物，并具有许多其他经济价值。

砂引草，主要见于白洋淀湿地周边沙地上，常成片生长，春季开满白色花朵时较为醒目。

❀ ❀ ❀ ❀ ❀ ❀ ❀ ❀ ❀ ❀

即便在调查中常常看到水中漂浮的垃圾，作为一个积极乐观的人，我想凭借着植物的包容性和柔性，那些脏兮兮的、靠我们力量可以杜绝的不美好，都会在未来的建设中改善。我们对雄安新区的规划建设充满无限期待。那么柔性的水，搭配几十种湿地植物，会给我们带来怎样的水乡体验呢？我想湿地植物，会灵动了雄安！

必须牢记的外来入侵植物

"绿色沙漠"是林博士给我灌输的描述外来入侵植物的词语。在我看来，绿色代表希望，有绿色就欣欣向荣，一切美好。但，我依旧入了俗套。那是在我们准备宣传《北京自然笔记》时，出版社的老师让我们做几张关于植物的片子，科普一些生物多样性方面的知识。林博士专门找了一张火炬树的照片，全是绿色，郁郁葱葱；又找了一张荒石滩的照片，分布着 50 多种植物。"瞧，同样大的地方，一个绿色海洋，一个岩石裸露，但从植物多样性的角度来讲，入侵植物火炬树形成的景观就是'绿色沙漠'。"从此，我记住了外来入侵植物的危害。

在雄安新区调查数据出来后，我想采用生态学的方法对其物种分布格局做个简单的分析。在与祖奎玲博士讨论时，她看了我们的数据，建议从入侵植物入手，验证达尔文提出的一个理论：外来物种更容易入侵有同科同属物种分布的地区。可见雄安新区的外来入侵植物的数量和种类之多。

外来入侵植物是指通过人类的活动将其引入到自然分布区以外，对引入地的生物多样性造成威胁、影响或破坏的物种。在雄安新区引入的 478 种外来植物中，有外来归化或入侵植物 44 种，其中苋科和菊科的种类最多，各有 12 种。在这 44 种植物中，危害性最大的物种莫过于号称"生态杀手"的黄顶菊。该种在我国的地理分布格局及其时空动态已有较详细的研究报道，值得相关部门重视。此外，发枝稷、长芒苋、空心莲子草、圆叶牵牛、钻叶紫菀、多苞狼杷草、北美苍耳等入侵物种的危害也不可忽视。让我们来认识这些入侵植物吧！

吓人的黄顶菊。黄顶菊作为一种危害显著而扩散迅速的恶性杂草，形成的是单一优势群落，目前已经从河北南部蔓延扩散到雄安新区北部地区，尤其是南部地区已经有大片稳定居群，亟待对其进行防治。

无人关注的纤枝稷。该入侵植物几乎没有报道，但在华北地区已经非常常见，在雄安新区的各类荒地中也大量分布，已经成为一种有害的恶性杂草，亟待引起重视。

荒地里的长芒苋。长芒苋在雄安新区的路边荒地、施工工地周边荒地常有大量生长，形成小片单一群落。

难以清理的反枝苋群落。群落外貌较为零乱，各湿地边缘常大量生长，形成大面积的单一群落，防除不易。

野蛮生长的苘麻。苘麻在各处荒地上常有分布，常大面积密集生长，成为有害杂草之一。

无处不在的圆叶牵牛。已成为入侵较为严重的群落之一，在各处荒地中常有大片生长。

疯狂扩散的多苞狼把草。该群落主要见于白洋淀湿地周边荒地，扩散十分迅速。此外，相似的植物群落还有婆婆针以及小花鬼针草，在各处荒地中均相当常见。

集中分布的苍耳属。主要包括北美苍耳群落和意大利苍耳，已经成为各区县湿地中常见植物群落，在许多地区已经代替了本土的苍耳。

外来入侵植物有着惊人的扩散能力，对本地生物多样性有着不可估量的危害，是生态环境保护领域的热点问题。在雄安新区建设中，人类活动更为频繁，尤其要注意植物入侵带来的危害。带入容易清除难，作为公众，应该从我做起，关注身边，杜绝外来入侵植物的传播、扩张。

黄顶菊

黄顶菊

长芒苋

长芒苋

苘麻

纤枝稷

反枝苋

多苞狼把草

圆叶牵牛

北美苍耳

经济作物知多少

在雄安新区的调查中，我很多次觉得犹如回到了陕西的农村。麦田、果园、房前屋后的各种果树、玉米地、甜高粱……这里和自己的家乡太相似了：土地是那么大度，只要肯种，北方的很多作物都可以很好地生长。那么，我们就来聚焦这里的经济作物。

调查显示，雄安新区的经济作物有105种，其中，粮食作物有16种，蔬菜作物有52种，果树有26种，成片栽培的药用植物有11种。这是一个富饶的地方，也是一个包容的地方，通过感受每寸土地的作物，重回了梦里的故乡：望得见田，看得见作物，重温了乡愁。

自从迷恋上了上山，我已经好多年不关注农田了。再在农田中奔跑时，那份广阔，那份惬意，任何文字都表达不出来。农田植被是雄安新区面积最大的植被类型，主要种植的农作物有小麦、玉米、高粱，夹杂着番薯、落花生、芝麻、薯蓣，甚至还有大面积种植的药用植物土木香、防风等。也许大面积的单一农作物更好管理，所

左图 小麦

右图 甜高粱

以在雄安很容易看到一望无际的农田盛状。我被一片片金黄的麦浪感动过，也曾想在那红亮了半边天的高粱地里疯跑。

虽然这里各类水果也能种，但似乎果园并不多，面积也不大，稀稀散散地分布在农田的一些小角落，不成规模。桃、西洋梨、苹果、葡萄、石榴、柿子、枣、西瓜、香瓜等均有种植。从夏天到秋天，路边总有一些农户支着架子车放些水果在路边等待散客来采购，多么优哉的生活方式，应该也算另外一种惬意吧！

上图 西洋梨

下图 石榴

在追求生物多样性的今天，雄安新区的经济作物似乎做到了种类繁多。但从经济效应出发，经济作物似乎只是用来满足这里人们温饱问题的，奔小康的高收入应该是靠着白洋淀的旅游业获得的。所以，在这里，人们宁愿选择用投入劳作力少的粮食作物来替代果树等作物。更多的果树生长在农户的房前屋后，作为点缀和装饰。人们把更多时间用在了白洋淀的旅游业；养鸭等畜牧业；服装、玩具加工等工业方面。虽然经济作物带来的利益不多，但这里的人们物质生活并不差。经济作物似乎只是这里人们的很多种生活选择之一。

依水、傍水、有田、有闲、梳理完这里的经济作物和人们的挣钱方式，我似乎更理解坐在白洋淀边悠然钓鱼的男人；大夏天裸露身躯泡在白洋淀中冲凉畅聊的男女老少；那个划着船，带着一船鸬鹚出淀捕鱼的老人。一方水土养一方人，这里的人们，悠然自得。

园林花卉，点缀多彩雄安

"蓝天、碧水、绿树，蓝绿交织，将来生活的最高标准就是生态好。"习近平总书记在考察雄安新区"千年秀林"工程时说。总书记的讲话明确表示，要坚持生态优先、绿色发展，划定开发边界和生态红线，实现两线合一，着力建设绿色、森林、智慧、水城一体的新区。这对"千年秀林"的建设提出了更高的要求。千年秀林，不仅仅是密密麻麻的树木、苗圃，更应该是四季有绿、三季有花、层次分明，人工栽种、符合自然生长规律的和谐之林。要实现这样的高要求，并非易事。

在 2018 年的调查中，虽然雄安新区有少量的公园绿地（雄县的温泉湖公园、雄州公园，安新县的湿地公园及白洋淀景区，白沟镇的白沟公园、滨河公园等），城市道路和庭院的园林绿地也在不断发展建设之中，但总体来说，城市园林绿地的规模和质量还处于初级阶段，所运用的园林植物种类不多。相比之下，许多园林植被的植物多样性丰富程度甚至还不如一些乡村。在"千年秀林"的道路上，雄安新区还有很长的路要走。

通过不完全的实地抽样调查，结果显示雄安新区引进栽培的园林花卉种类至少有 206 种。其中，露天栽培园林花卉种类有 66 种，盆栽园林花卉种类有 140 种。目前的园林绿化偏好使用外来物种，尤其是大量来自美洲的物种，充斥在各种类型的园林绿地当中，有些物种还常被归化，成为外来入侵物种，如菊科的矢车菊、宿根天人菊、大花金鸡菊、两色金鸡菊、秋英、黄秋英、万寿菊、黑心金光菊、松果菊、百日菊等。建议在园林花卉的选用方面，多开发本地乡土物种，发挥乡土物种的园林绿化作用。各地乡村中长期栽培的许多树种实际上可作为很好的园林绿化树种，如香椿、臭椿、石榴、柿子、枣以及核桃等。田野中的匙荠、砂引草、风花菜、栝楼、小马泡等也可以开发成为很好的园林绿化物种。

雄安新区"千年秀林"造林工程的相关资料中提到了拟采用的一些造林树种，包括杂种鹅掌楸、北美鹅掌楸、杜梨、板栗、日本晚樱、铺地柏、匍地龙柏、扶芳藤、小花溲疏、暴马丁香、小叶丁香、欧洲荚蒾、香荚蒾、卫矛、南蛇藤、枫杨、槲树、蒙椴、糠椴、紫叶稠李、沙枣、毛梾、七叶树、挪威槭、流苏树、黄金树、黄连木、山杏、紫叶矮樱、文冠果、箬竹等。这些树种我在雄安新区2018年的本底调查中并未实际看到。

所有事物从无到有是一个艰难的跨越。"千年秀林"在我们的调查中，给我的印象是单一、密集、无生命力，就像一个大苗圃。然而这只是雄安新区建设的第一年，无人机在雄安上空飞过后，我相

流苏树

信了"千年秀林"在一年间跨越了从无到有的障碍。无人机拍出了"千年秀林"的雏形。有了雏形，可以慢慢添加物种，从年龄、层次、色彩、乔灌草等方面进行搭配和完善。那是多么诱人的工程。

做完雄安新区的植物本底调查，我们是多么迫切地想把调查结果尽早发表，让更多做规划设计的专家看到，让他们知道雄安新区有什么、怎么样，在他们的设计中能够很好地应用调查结果，更加丰满地设计雄安的"千年秀林"和城市绿化，那也算我们为国家大事做了力所能及的贡献。希望我们美梦成真！

雄安的园林花卉，也许真的会很好地应用乡土物种吧！

上图 扶芳藤

中图 枫杨

下图 红叶假色槭

写给最小的植物调查员

2018 年，我们一家人就做了雄安新区植物本底调查这么一件事。闭上眼睛回想这一年的经历时，我想一定要写一篇关于最小的植物调查员可可的经历（其实大女儿可可不算最小的，小女儿悠悠也跟着我们去过两次，当时的悠悠只有几个月大）。雄安调查集中在 2018 年 4 月至 10 月，此时的可可是 2 岁半，调查结束时可可还差一个月满 3 岁。回过头来看这大半年的雄安经历，从春天走到秋天，可可帮着爸爸采集标本，走在调查队伍最前面探路找植物，观察白洋淀上的各种水鸟、昆虫……一共 10 次的调查，可可参与了 8 次。这是一个不掉队的调查员。

4 月 1 日，开启雄安之旅。第一次跟妈妈在绿油油的麦田里疯跑，感受冰雪融化后麦田的柔软；跟着爸爸进入杂木林中，观察早开堇菜的旺盛生命力，结果鞋子和裤子上沾满了鬼针草的种子，无意间帮鬼针草传播了种子，拓展了领地；在小船上和爸爸一起捞了几株盒子草的幼苗，帮爸爸拿着拍照；观察记录了刚冒出头的芦苇幼苗。

4 月 14 日，这一天车览雄安。在仅有的几个停车点，采集开花的荠菜标本；在大棚中观察了农民伯伯为西瓜搔秧，观察了西瓜的花、藤蔓等；在梨园感受春天的气息，观察白色的梨花、粉红色的桃花，跟妈妈一起寻找田间野草，让爸爸记录。

5 月 1 日，在一片废弃的荒地中找到了砂引草，看到了废弃的铁船；坐船在白洋淀中观察记录刚露出尖尖角的荷叶，无数在飞翔的蜻蜓；和爸爸妈妈一起拍了很多张水鸟的照片。

5 月 20 日，帮爸爸采集风花菜、二色补血草、乳苣、白茅的标本，坐着船在水面上观察了鸬鹚捕鱼，上岸后摸了农户门口菜园中大葱的果序。

6月9日，跟着妈妈两人去雄安观察金色麦浪。因为下雨，在路边卖西瓜的农户瓜棚中避雨，观察了西瓜蔓，记录了蓝花矢车菊、两色金鸡菊、田旋花和独行菜的果实。

8月4日，伏天调查。一出车门满头大汗，但你似乎好不介意，依旧笑着跟调查队伍看植物。这天看到了老鸦谷、假刺苋、串叶松香草、小马泡等。很喜欢高过自己好多的串叶松香草的花儿，帮爸爸采集了一份标本，同时摘了一颗小马泡的果实，咬在嘴里，苦得吐了出来。

9月8日，因为妈妈加班没时间跟着一起调查，你独自跟着调查队伍去了雄安。看到了红彤彤的高粱田、入侵植物黄顶菊、棉花等。没哭没闹，在野外争抢着找植物给爸爸拍照。

9月9日周日中午，妈妈开车200多公里来与调查队汇合，带你回北京。见面时披头散发，衣服脏兮兮。妈妈专门找了商店，买水给你洗脸、洗手，换了薄的衣服，重扎了辫子，放到副驾驶的座位，你躺在上面舒服地睡了一路。野外毫无形象的疯狂，似乎让你更放松地成长。

10月3日，爸爸妈妈带着你去雄安做最后一次调查。你在盒子草的群落边玩了很久，寻找盒子草的果实，一捏，打开盒子，帮种子扩散领地。你拿着干瘪的莲蓬快乐地奔跑。和爸爸一起在水边捞水生植物弯果茨藻，结果用力过度，一股脑掉进水中。爸妈紧张地捞你出来，你裤子湿透，只能光着屁股用妈妈的薄羽绒服包着赶路。但你竟然没哭，还跟着爸妈一起哈哈笑。可惜没能拍照存档。

不知道长大后的你看到自己2岁的经历会有怎样的感受。爸妈带着你去了很多次野外。雄安调查的这一年，有意无意地带着你，不指望你能记住丝毫，只是因为工作的原因，爸妈必须出门，而你也需要陪伴，所以只能带着一起去大自然中工作，把你变成队员之一。最小植物调查员，感谢你这一年的所有笑容和不排斥，感谢你给予我们的所有阳光和力量。雄安，我们一起走过！

上图 葱怎么能长的满头都是花儿？爸爸说葱的身体是空的，我来验证一下

左下图 我们没有采集过干荷叶，是不是也应该来一个？

右下图 我来捏一捏，麦粒变硬了没

伏天跟着调查队出野外，
一出车门已汗流满面。
我喜欢一起出来呀

上图 这是我给爸爸采集的二色补血草的标本，草本植物采集标本时要带着根呢

下图 最小的植物调查员

上图 帮盒子草传播种子

左下图 爸爸，我帮你采集到了一个莲蓬

右下图 这棵带花了，这棵可以采来当标本

家庭自然旅行的尝试

上图 在摇摇荡荡的小船上观察早春白洋淀的植物

下图 姥爷，这个小草软绵绵，我们一起坐上去感受一下

2019 年，因为出版《北京自然笔记》，我受邀在不同的书店、社区、学校做关于自然观察和自然写作的讲座。通过分析不同讲座的听众特点，发现大家对家庭为单位的博物旅行的关注最多，特别是事业稳定的父母，在孩子教育中，更倾向于选择带着孩子去户外进行博物旅行。

2019 年 10 月，我应邀担任第四届北京朝阳区青少年"乐活达人"系列活动复赛赛前辅导老师及复赛评委，在赛前三天的集中辅导课中，有机会跟进入复赛的学生面对面沟通，孩子们年龄从小学二年级到初中三年级不等。很明显小学的孩子在思维的活跃度、参与性、互动性等方面要远远高于初中孩子；参加过自然科普项目的孩子和没参加过自然科普项目的孩子在同一问题的启发下，讲述自己经历的落脚点和放大点完全不一样。有个初二的男孩跟我说："老师，我每天两点一线，家和学校，从没有抬头关注过路边的树。我不知道身边都在发生什么变化。是的，

我的作文写得不怎么好。"而另外一个小学二年级的小男孩跟我说："老师，我现在最缺的就是时间，北京郊区我去得少，但是安徽、海南、台湾的游学我参加过……"另一个小学三年级的小女孩的妈妈拉着我问："老师，你看我们初赛提交的是戴胜育雏，是我们在奥森观察到的，跟着观鸟协会去过几次，后来我们又自己去看了好多次。我们是真的跟这个戴胜都观察出来感情了。您看我们提交的初赛作品还有哪些需要改进的地方呢？"

三天的培训结束后，和孩子们相处的点滴一直启发着我的思考：不同的孩子对待自然的反应为什么差别这么大？一个对自然无感的孩子，怎么可能写出有真情实感的作文？最终，我想在家庭的自然引导方面找答案。随着我国经济的发展，越来越多的家庭开始重视孩子的能力建设，而自然教育是一个很好的载体和方式。自然教育近几年在我国发展迅猛，从政府、学校，到社会上不同的培训机构、公司等，都在以不同的形式鼓励学生游学，推动自然教育，而公众对自然教育的认识也在逐渐增长。我想，初中生和小学生对待自然的不同反应，应该跟社会的整体进步相关。

近两年，我也尝试过以不同的方式给公司、教育机构讲不同的自然课，但对孩子的教育，我

"爸爸，我可以帮你！""拿着，你来拍照。"

这就是记忆中的童年：春天，绿油油的麦田，像大地的绿毯；夏天，金色的麦浪，沉甸甸。这就是做面包、面条的小麦

认为第一责任人一定是父母。自然教育也一样，需要父母的长期引导和深度参与，和孩子一起在自然中"玩"，才能持久而有效，毕竟现在培训机构的课不系统。于是，身为两个孩子母亲的我，准备以自己的家庭做实验，探索中国父母带着孩子自然旅行的可能性。

在我们家爸爸是植物学专业，妈妈是生态学背景，无教育教学旅游行业经验。孩子是两岁半的女孩。实验地点是河北雄安新区。实验方式是以家庭为单位策划5～10次的自然旅行。实验结果：家庭出行8次，孩子体验了雄安春、夏、秋的田野变化；学会调动五官感受旅途中的生物（植物、水鸟、鱼类、两爬、昆虫）；遇到摔倒、弄脏鞋袜、淋雨、蚊虫叮咬等特殊情况不哭不闹，能够平静对待；学会主动帮助爸妈干活；对酒店住宿、饮食、衣着等无特殊要求；对新鲜事物充满好奇。实验结论：家庭自然旅行中，家长和孩子均有成长，自然旅行对孩子的长远影响有待后续观察。

作为家庭自然旅游的倡导者和参与者，根据自己的亲身经历，冒昧给年轻的父母们几条建议。

（1）克服心理，勇敢走出去！我的大女儿可可从刚出满月到两岁半，从未放弃和自然的任何接触机会：4 个月大的可可，随我们去鹫峰林场踏青，感受山里春风的温柔，看遍山间山桃、山杏之烂漫；5 个月大的可可，随我们一起登上千灵山，感受崖壁上的槭叶铁线莲的坚韧和唯美，陪着爸爸一起发现了北京的新种——长柱斑种草，在一片片全力绽放的花海中绽放笑容；9 个月大的可可，和我们一起去了房山的石花洞，感受自然的神奇；11 个月的可可，和我们一起到过香山山顶，鸟瞰北京；一岁半的可可，跟我们到了河北塞罕坝，在草原上疯狂奔跑，听爸爸妈妈讲了小草隐忍生存的故事；2 岁多的可可，跟着爸妈持续做了一年雄安新区植物多样性的本地调查。80 岁的奶奶也时常跟着我们一起去野外。家庭自然旅行，没有想象中那么难，勇敢走出去了，才发现每个成员都那么开朗阳光。

瞧，这里面装的是鱼还是虾？

（2）预习，做功课（当地的图鉴，"中国自然标本馆CFH"网站上的照片轨迹，考察故事等）。每个人都不是天生的博物学家。父母引导孩子成长，需要自己成长在前面。借助书本、网络资源，在出发之前稍做功课，对当地的风土人情有个大概的了解，才能更好地引导孩子。

（3）确定自己的目标。如果目标不明确，确定大类即可。出发前确定家庭成员的兴趣点，或植物，或鸟类，或兽类等。要有一个大概的目标，避免走马观花。特别是没有生物背景的家长，更需要有目标驱使才会持续和长久。

（4）紧凑（时间）而缓慢（心理上，观察上）。时间安排上尽量紧凑，珍惜野外的一分一秒。但一旦到了野外，观察过程中，一定要调动五官，尽量放慢速度。植物观察尽量从植物的六大器官，即根、茎、叶、花、果实、种子做细致且周全的观察，培养孩子的专

我也要帮你捞一把标本

注力；对动物的观察尽量驻足观察其行为，多问为什么。

（5）善于应用软件工具增加自然旅行的专业性。没有生物背景的家长不用焦虑，"花伴侣""形色""爱鸟国际"等APP可以帮助我们识别物种。也可以跟孩子一起查阅工具书，比如《中国野外植物识别手册》等，享受探索的过程。

（6）资料记录（文字、手绘、照片）。自然旅行结束后，一定用自己擅长的方式记录旅行中的所见所闻，帮助孩子积攒记忆，厚积薄发。

（7）产品输出。引导孩子用自己力所能及的方式撰写自然游记，或讲述自然故事，提高孩子的写作能力和表达力。

家庭自然旅行，我想在我国只是起步。我用了两年的时间，来探索中国家庭开展自然旅行的可能性。我的答案是肯定的。随着越来越多的年轻人成为父母，他们的生活方式会影响下一代。带着孩子一起在自然中"畅玩"，这将是家庭教育的一种趋势。雄安的这一年尝试，我想应该是成功的。至少，这一年的经历，孩子经常会哈哈笑，爸爸学会了引导，妈妈学会了一起探索。你，想不想带着孩子去雄安新区做自然旅行呢？

社会责任：我是志愿者

如果没有志愿者，雄安的植物调查根本无法完成。

说到志愿者，不得不提林博士。他话不多，不修边幅，给人感觉很邋遢，但却是个非常有才华的人。林博士站在北方的任何一处野外，分分钟可以说出能看到的所有植物的名称。他一年读上百本电子书；带着孩子看纪录片；沉迷科幻……这是一个有趣的灵魂。就是这样的一个人，每每在关键时刻，总会有创新的想法。招募志愿者就是他想出来的。

北京有那么多植物爱好者，那么多机构让我们带着爱好者去自然中看植物，我们为什么不招募爱好者们一起来为雄安植物做本底调查呢？果然，招募信息在北京花友群一发出，分分钟名额报满。参加过一次调查的爱好者还要提前预订第二次。

社会发展了，真好！这是我发自肺腑的感受。我们的志愿者都是植物深度爱好者，愿意自费去各个地方看花。他们来自各行各业，有IT界的、有国企的、有出版公司的、有大学的、有研究所的、有教师、有学生，兴趣使大家聚在了一起。而我们的志愿者大多是女生。也许，自然和女性之间，永远有着天然的联系吧！维多利亚时代，女性推动了博物学的发展。我国难道也有这个趋势吗？

雄安新区的植物调查需要找植物、做记录、录数据、拍照片、采集标本、压标本、引种、收集种子、处理种子，工作烦琐而紧张。野外调查往往一早六点半出发，晚上才能回到酒店，晚饭后还要压标本、录数据，有时候忙到晚上十一二点。志愿者们不仅毫无怨言，反而说一天过得很充实，学到了很多。大家在一起交流的永远是又认识了哪种植物。

"我擅长记录，我来做植物名称记录。"

"我带了单反，我来拍照。"

"那我来采集标本吧，是不是采集时一种植物选三株有花或有果实的，草本要连根一起采集呢？"

"林博士，你告诉我哪些植物需要引种到植物园进行保育？"

"已经有果实了，我看到有的植物种子都成熟了，我拿点自封袋，负责种子采集吧！"

"快来看，快来看，我发现了一种之前没调查过的植物！"

……

这些，只是调查过程中志愿者之间的对话片段。他们是那么负责而有趣。

雄安的伏天热得真可以让人断气，但夏天的植物又不得不调查。正值暑假，还没等招募志愿者，已经有几个学生主动找过来要参加调查。到了调查地，还没出车门，热浪已经滚滚而来，每个人汗流满面，却仍笑嘻嘻地跟着干活。

2018 年 9 月的那次调查，我因为工作原因没有全程参加，记得四天的调查结束后，车停在小区楼下时，车上下来的静之姐扶着腰，连路都走不了了；一向笑呵呵的晓青姐也无精打采地打着招呼。我知道她们那天跑了 400 多公里，沿路还在做调查。对于两个 50 多岁的女人来讲，如果不是真爱，不知道如何坚持下来。

田野、荒滩、沟渠、沼泽、湿地……志愿者陪着我们一起走过。人以群分，这些简单而热情的人们，一起参与着雄安的植物调查，才让这项工作有了温度，有了情愫，有了期待。我们每个人都是历史的见证者。我们可以骄傲地说，在国家的千年大计中，我们以志愿者的身份，为雄安新区的建设做了力所能及的事。社会进步，需要每一个"我"。

感恩每个志愿者朋友！

上图 你用无人机拍整体，我用相机拍局部

中图 种子采集和植物调查两不误

下图 拍照记录，用笔记录人工找寻新的物种天衣无缝的团队合作

上图 配合默契的拍照小分队

中图 志愿者采集乳苣种子

下图 志愿者顶着烈日在白洋淀边调查湿地植物

上图左 学生志愿者

上图右上 当地农民为调查提供信息

上图右下 学生志愿者伏天采集关键物种标本

下图 志愿者在调查"千年秀林"的植物种类

上图 志愿者船上
调查白洋淀植物

中图 水生植物
调查

下图 在水沟里采
集水生植物标本

上图 志愿者荒滩调查瞬间

下图 志愿者为植物园引种瞬间

上图 无人机拍摄的志愿者

中图 志愿者在进行植物引种

下图 志愿者采集种子

可供开发的雄安自然科普活动

在全国的自然科普如火如荼进行的今天，雄安新区因为其独特的地理位置（靠近北京）和资源优势（"水上明珠"白洋淀），有很多可供开发的自然科普活动。撇开雄安新区的建设规划，仅基于现状，即可以开展一些活动。

有地方特色的深度体验式活动。

（1）感受鸬鹚捕鱼。鸬鹚捕鱼是在雄安调查中对我印象最为深刻的，也是最吸引可可的当地民俗。一个老爷爷，载着一船的鸬鹚，带着它们游荡在白洋淀中，这个画面很有吸引力，如果能够让大人和孩子们参与其中，感受捕鱼过程，了解鸬鹚捕鱼方法，认识生态系统的完整性，那将是非常棒的体验。

（2）喂养鸭子、收鸭蛋及咸鸭蛋制作过程的体验。咸鸭蛋是白洋淀的特产之一。白洋淀的鸭子吃的均是淀里的水草。让孩子自己坐船采集水草，喂食鸭子，收鸭蛋，感受咸鸭蛋的制作过程。

（3）泛舟芦苇荡。将泛舟芦苇荡的体验与历史事件结合起来，采用还原历史的手法，结合多种艺术手段，让游客真实体验芦苇荡中的抗日战争场面，感受芦苇荡的别样魅力。

（4）野菜辨识与品尝。在雄安植物调查中，我们发现雄安分布着多种苋属的入侵植物。而这些植物作为野菜，包饺子，包包子味道不亚于荠菜。可开发野菜辨识、采集、加工和品尝等一系列体验活动，让孩子感受植物带来的味蕾享受，同时体会劳动的快乐。

（5）入侵植物压制标本活动。标本是植物研究的基础，而标本制作不仅仅是一项简单的体力活，要做好一份集科学性与艺术性的植物标本，需要知识，审美和技能储备。利用雄安新区入侵植物教爱好者制作植物标本，一举多得。

在越来越多人沉浸自然的今天，雄安可以立足自身，开展一些认知类的科普活动。

（1）水生植物认知大对战；

（2）观水鸟活动；

（3）找找两爬动物；

（4）白洋淀里有多少种鱼类；

（5）我观察到了白洋淀的哪些昆虫的什么行为；

（6）白洋淀水质监测；

（7）村庄的废水流向哪里？

白洋淀是雄安的明珠和核心，这里只是抛砖引玉，浅显地提了几点我在实地调查中想到的几类自然科普活动。等雄安水上博物馆、雄安植物园建起来的时候，可以成为自然科普活动的有力场所。软、硬件共同到位，可供自然教育者发挥的空间将无限宽广。

只有走进，才会全面认识；只有认识，才会更加热爱；只有热爱，才想深度参与。自然科普，只是一种载体。借助它，可以更多人走进雄安，宣传雄安，参与雄安建设。国家的千年大计，有你，有我，也有他。

植物标本

植物标本作为植物研究的重要凭证，即便在信息化水平如此高的现代，依旧有它存在的必要性。标本是实物，看得见，摸得着；标本的采集签、鉴定签包含了大量的信息，包括物种名、采集地点、采集时间、采集人、经纬度、生境、花果期等。这些信息为植物学、生态学、植物区系等研究提供了数据基础。从科学研究的角度出发，对一个地区植物的本底调查，采集标本是必选项。对公众而言，我们并不鼓励标本采集。一方面避免对植物造成破坏；另一方面采集的标本可能在制作过程、储存等方面缺少专业指导，造成浪费。但对于在野外不认识、现场无法识别，但又特别想知道名字的植物，可以采集一份标本，用于查阅资料和深度探索。

雄安植物调查中，我们一共采集标本223种669份标本，书中仅展示了其中的30份标本，这些标本都是我们特别熟悉的植物，有蔬菜、粮食、乔木、藤本、入侵植物等。即便标本已经采集了两年，但依旧能够看到它们的鲜活形象和自然之美。

诠释自然的方式多种多样，标本可以成为自然科学的素材，也可以通过很美的方式长久存在于我们周围。认识自然，也可以从一份标本开始。

苋（苋科）

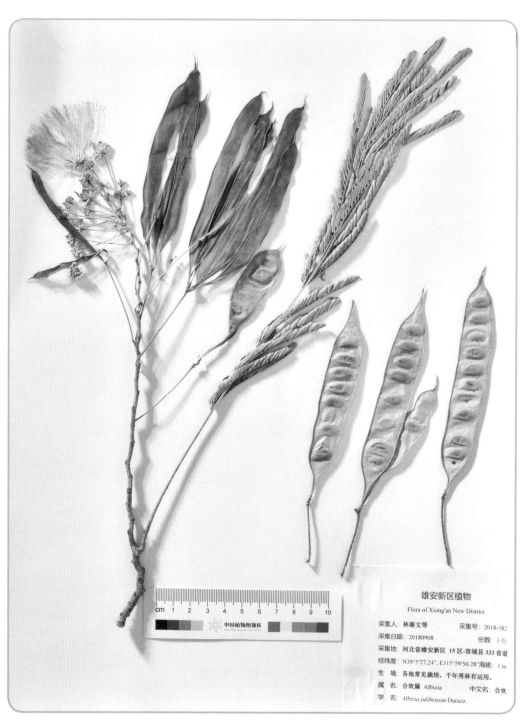

雄安新区植物
Flora of Xiong'an New District

采集人：林秦文等　　　采集号：2018-582
采集日期：20180908　　　份数：3 份
采集地：河北省雄安新区 15 区-容城县 333 省道
经纬度：N39°5'27.24", E115°59'50.28" 海拔：1 m
生　境：各地常见栽培，千年秀林有运用。
属　名：合欢属 Albizia　　　中文名：合欢
学　名：*Albizia julibrissin* Durazz.

合欢（豆科）

矮菜豆（豆科）

艾（菊科）

扁豆（豆科）

苍耳（菊科）

长芒苋（苋科）

串叶松香草（菊科）

垂序商陆（商陆科）

野大豆（豆科）

发枝黍（禾本科）

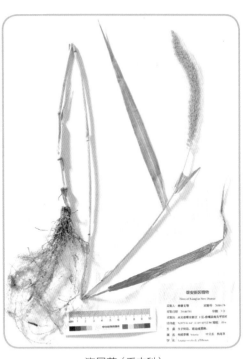

狗尾草（禾本科）

合被苋（苋科）

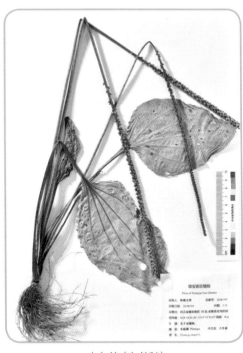

大车前（车前科）

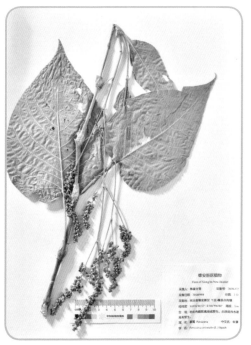

红蓼（蓼科）

华黄芩（唇形科）

黄顶菊（菊科）

假刺苋（苋科）

巨大狗尾草（禾本科）

具芒碎米莎草（禾本科）

荔枝草（唇形科）

陆地棉（锦葵科）

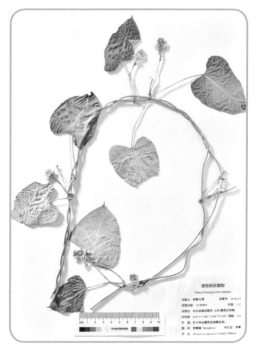

萝藦（萝藦科）

青蒿（菊科）

苘麻（锦葵科）

忍冬（忍冬科）

蛇床（伞形科）

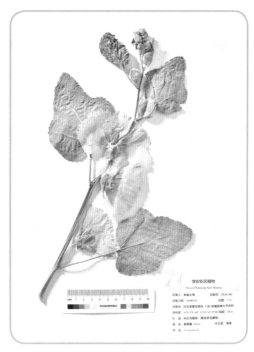

蜀葵（锦葵科）

粟（禾本科）

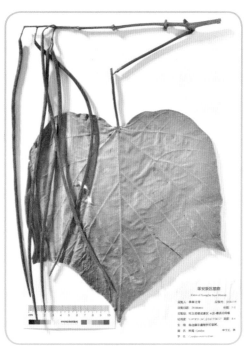

梓（紫葳科）

后 记

文字和图片相结合，以植物为核心，叙述性的表达，夹杂着自己的感受和看法，这样类似游记的文体在植物科普中到底算什么？这是曾经一直困扰着我的问题。但有一点我很肯定：让更多人认识植物的美，不管是通过文字产生的共鸣，还是通过照片感受到的静谧。形式不重要，所有的一切都是衬托植物之美。

在《雄安草木行》校稿阶段，我收到了人生的第一份审稿邀请，是华东师范大学张健教授一篇名为《"植物盲"与植物科普教育》的稿件。稿件系统而全面地阐述了什么是"植物盲"，"植物盲"产生的机制，"植物盲"对植物科普教育的影响等。稿件反映一个重要问题："植物盲"是全世界一个普遍存在的现象，"植物盲"是人们无法或不愿关注周围环境中的植物，甚至忽略植物在生态系统中的重要性。人们对植物的无感，可能有三个方面的原因：（1）人类进化过程中大脑视觉信息处理系统对植物的局限性；（2）生物学教育中"动物沙文主义"的结果；（3）文化的影响。审阅完这部稿件，更加坚定了我想通过自己擅长方式推广植物文化的决心。在植物科普的道路上，不问出生，不问过往，大家都可以用自己的方式做植物推广，才能营造植物文化积极向上的势头和氛围，才能一点一点引起人们对植物的关注。

与我而言，植物一直伴着我成长。沉闷时，压力大时，遇到挫折时，只要走进植物，嗅嗅花香，摸摸树叶，看看树枝，不好的情绪就能很快缓解。我也一直通过自己的方式在找寻与植物最好的对话方式。单调地写植物，念科说属，大家会觉得枯燥，于是我尝试着带着情感，像朋友聊天一样写植物，似乎有人认同这种方式。有了孩子，尝试在植物氛围中教育孩子，做过几次分享，认同的人似乎更多。其实，真实情况是，因为我们要去野外引种，没人带孩子，迫不得已带着孩子一起工作而已。雄安一年的植物调查是这种情况，2019年半个月海南的植物采集带着孩子也是这种情况，平时周末为了不耽误正常工作，跋山涉水看植物带着孩子也是迫不得已。但这种迫不得已给了孩子和植物亲近的机会，又让我对植物写作多了另一种形式——植物本身融入自我的感受和孩子的成长。也许，未来，随着经历的增加，以植物为核心，融入的因素会更多。但是，不变的一点是所有的一切都是在呼吁和召唤人们，植物很美，关注植物吧，它能给你无限灵感和积极向上的情愫。

《雄安草木行》就是我用自己的方式，记录我跟植物之间的故事。不想让雄安一年的调查仅仅局限于一本图鉴，想给自己，也给更多人从另一个角度感受雄安草木之美的机会。希望读完后您内心更加平静，更加柔和，不祈求您记住植物的名称，如果能记住则更好。记不住可以借用现在的新技术，自动识别软件识别您关注的任何一种植物。只愿这本书打开您对植物的另一种视觉和思考。诠释植物的方式很多，我在用自己的方式等待您的驻足。

　　本书的出版得到了中国科学院植物研究所马克平先生的支持。在国家宣布雄安新区建设时，马老师快速反应部署工作，才有了我们为期一年为雄安植物摸底的调查机会；感谢北京大学刘华杰老师对这本书写作形式的鼓励以及补充植物标本和种子照片的建议，极大丰富了这本书对常见植物的展现方式；感谢中国植物图像库李敏老师团队，特别是魏泽老师对本书标本照片、种子照片拍摄中的帮助，是你们给予植物标本和种子另一种鲜活诠释可能性；感谢植物所植物园引种驯化组郝加琛博士在调查、种子保存方面做出的努力；感谢孙英宝老师提供的手绘图；在鸟类鉴定方面，曾向北京林业大学王志良老师和徐向龙博士、中国科学院植物研究所申小莉老师、河北农业大学牛一平博士、中国科学院动物研究所吴超老师寻求过帮助，谢谢你们不厌其烦地解答；感谢一直鼓励我，陪我前进，亦师亦友的郑柏岩博士给予的写作建议。

　　由于时间仓促，水平有限，书中肯定还有不少疏漏，敬请读者批评指正。

肖翠

2020 年 3 月